67种地道菜品，
700张彩色图解

意大利餐制作大全
（修订本）

日本名师秘方传授，超人气餐点保证上手！
详尽的步骤图解，高手升级，新手零失败！

［日］川上文代　著

书锦缘　译

中国民族摄影艺术出版社

前　言

　　这本书从白汁红肉（Carpaccio）、番茄炖菜（Capunata）等开胃菜讲起，先交代意大利面、炖饭等第一道菜的制作过程，然后又一一讲解了使用炖牛肚（Trippa）或小牛肉的第二道肉类主菜（主食），以及提拉米苏、意式布丁等甜点（Dolce）的制作方法。

　　为了让初学者也可以安心地学习做意大利料理，在本书的食谱中特别细致地添加了小窍门、注意事项等内容，并附有烹调过程的照片。另外，还选取了一些失败的例子并配上照片，请大家一并参考。

　　炖饭和意大利面的火候是特别讲究的，因而非常重要。本书尽可能地附上详细的照片和说明，也清楚地记下量匙的分量。即

使失败了大家也不要太沮丧，应该反思失败的原因，试着再次接受挑战。

平时总是使用市面上卖的意大利面肉酱或者番茄酱汁，一旦尝试着自己来做，就可以吃到不含添加剂的美妙滋味，享受到成功的乐趣。意大利面或比萨大家一般都是在外面餐厅享用，看过本书后请您不妨试着挑战一下。虽然会稍微多花一点时间，但只要多下一点工夫，就可以让家里也变成意大利餐厅了。

请大家朝着制作出色香味俱全的意大利料理的目标而努力吧！

川上文代

目 录

第2章
开胃前菜

第3章
意大利面

第4章

汤、比萨、炖饭

第5章

主菜

第6章
甜点

图书使用说明

· 书中所谓"EXV橄榄油"指的就是"顶级冷压初榨橄榄油"（Extra Virgin Oliver Oil）。

· 干燥的长形意大利面和短形意大利面的水煮时间，请参考商品上所标示的时间。本书中所标示的时间仅适用于手工制意大利面的水煮时间。

· 煮意大利面用的食盐或水、汆烫水煮素材的水以及预先处理时使用的调味料都在基本用量外。

· 烤箱和微波炉的机种不同使用特性也不同，请大家根据食材调整时间。

· 油炸用油建议使用色拉油或纯橄榄油。

· 材料记录中，1杯=200mL、1大匙=15mL、1小匙=5mL。

· 食谱中记载的所需时间仅供参考。会依食材的状态和气候等因素有所改变。

· 食谱中的高汤、小牛高汤、鸡高汤的作法，请参考P16～19，香蒜油、辣油、香油葱、番茄酱汁、罗勒酱等的作法，请参考P20～21。也可以使用市售产品。

· 食谱中的量杯的分量也都是参考标准，会依材料的状况而略有差异。文中 Ⓟ 就是料理的重点，㊟ 就是料理应注意的要点，㊖ 就表示是准备作业。

· 材料中使用的鸡蛋是1枚55～60g的大小。

第1章
了解意大利料理

美食王国——意大利

究竟什么是意大利料理呢？

有着特色食材的美食王国——意大利，有着什么样的料理特色？
由于南北狭长的地理之便，意大利可以取得丰富的食材，更增加了其饮食的无限魅力。
在中国，意大利料理也很受欢迎。尤其是意大利面和比萨，备受青睐。

所谓的意大利料理，其实就是各地料理的综合

　　被五个海洋所环绕、地形呈长靴状的意大利，北部邻接阿尔卑斯山脉，由北往南连接着亚平宁山，是一个有着广袤肥沃土壤的国家。也因为南北狭长，使得其地形和气候有着相当大的差异，具备更多丰富多样的食材。

　　此外，在其成为一个统一国家之前，意大利国土境内就已经具备城邦形态了。或许正因为这样的状态，使得各地区文化和生活习惯等不尽相同，使用当地特产的食材正是各地区饮食的特色。特别是在北部和南部地区有着显著的差异，有着阿尔卑斯山脉至波河一带肥沃平原的北部，较多使用大米、乳制品和肉类等口味浓重的食材；而全年气候温暖的南部地区，则大部分是使用番茄和茄子等蔬菜，或是采用地中海沿岸丰富的海产，清爽简单的调味是南部的特征。

　　虽然不同地域的饮食各具特色，但无论是哪一种意大利料理，其最大特征就在于大部分都简约质朴，让人可以轻松享用。因为意大利菜肴基本上都是由家庭料理传承发展而来的。与法国菜拘泥于酱汁或摆盘的特点不同，不管时代再怎么变迁，意大利料理都还是"妈妈亲手调制的味道"。

具有强烈地方特色的意大利料理

在各大区的特殊物产当中，选取了其中最具代表性的。

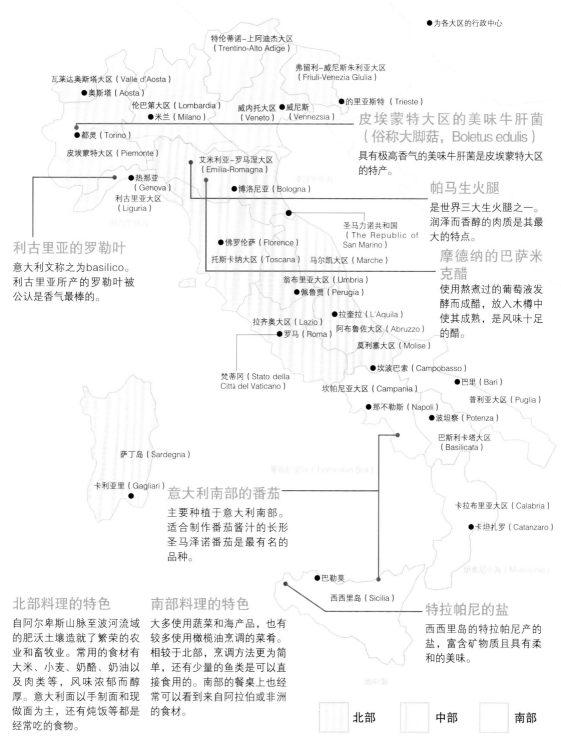

●为各大区的行政中心

特伦蒂诺-上阿迪杰大区（Trentino-Alto Adige）

弗留利-威尼斯朱利亚大区（Friuli-Venezia Giulia）

瓦莱达奥斯塔大区（Valle d'Aosta）
●奥斯塔（Aosta）

伦巴第大区（Lombardia）
●米兰（Milano）

威内托大区 ●威尼斯（Vennezsia）
（Veneto）

●的里亚斯特（Trieste）

●都灵（Torino）

皮埃蒙特大区（Piemonte）

艾米利亚-罗马涅大区（Emilia-Romagna）

●热那亚（Genova）

利古里亚大区（Liguria）

●博洛尼亚（Bologna）

圣马力诺共和国（The Republic of San Marino）

●佛罗伦萨（Florence）

托斯卡纳大区（Toscana）　马尔凯大区（Marche）

翁布里亚大区（Umbria）
●佩鲁贾（Perugia）

拉齐奥大区（Lazio）　●拉奎拉（L'Aquila）

●罗马（Roma）　阿布鲁佐大区（Abruzzo）

莫利塞大区（Molise）

梵蒂冈（Stato della Città del Vaticano）

●坎波巴索（Campobasso）

坎帕尼亚大区（Campania）

●巴里（Bari）

普利亚大区（Puglia）

●那不勒斯（Napoli）　●波坦察（Potenza）

巴斯利卡塔大区（Basilicata）

萨丁岛（Sardegna）

卡利亚里（Gagliari）

卡拉布里亚大区（Calabria）

●卡坦扎罗（Catanzaro）

●巴勒莫

西西里岛（Sicilia）

皮埃蒙特大区的美味牛肝菌（俗称大脚菇，Boletus edulis）

具有极高香气的美味牛肝菌是皮埃蒙特大区的特产。

帕马生火腿

是世界三大生火腿之一。润泽而香醇的肉质是其最大的特点。

摩德纳的巴萨米克醋

使用熬煮过的葡萄液发酵而成醋，放入木樽中使其成熟，是风味十足的醋。

利古里亚的罗勒叶

意大利文称之为basilico。利古里亚所产的罗勒叶被公认是香气最棒的。

意大利南部的番茄

主要种植于意大利南部。适合制作番茄酱汁的长形圣马泽诺番茄是最有名的品种。

北部料理的特色

自阿尔卑斯山脉至波河流域的肥沃土壤造就了繁荣的农业和畜牧业。常用的食材有大米、小麦、奶酪、奶油以及肉类等，风味浓郁而醇厚。意大利面以手制面和现做面为主，还有炖饭等都是经常吃的食物。

南部料理的特色

大多使用蔬菜和海产品，也有较多使用橄榄油烹调的菜肴。相较于北部，烹调方法更为简单，还有少量的鱼类是可以直接食用的。南部的餐桌上也经常可以看到来自阿拉伯或非洲的食材。

特拉帕尼的盐

西西里岛的特拉帕尼产的盐，富含矿物质且具有柔和的美味。

| 北部 | 中部 | 南部 |

11

意大利食材一览

南北狭长的意大利，因各地区的气候和地形不同，形成了各式各样的食材。如果没有这些多样化的食材也就不会有这么丰富的意大利料理了。在此不妨列举一些最具代表性的材料。

调味料

仅使用纯橄榄油，是意大利料理独一无二的特色了。像酿酒一般用葡萄发酵而成的巴萨米克醋以及富含更多矿物质的食盐，都是造就意大利料理非同一般美味的重要食材。

橄榄油
大部分都产于意大利的普利亚大区，具有果香且呈金黄色是其特征。卡拉布里亚大区、托斯卡纳大区、西西里大区也有相当的产量。

巴萨米克醋
艾米利亚-罗马涅大区的摩德纳地区、雷焦艾米利亚地区特产的醋。常作为酱汁或沙拉酱的调味料，也可以直接浇在水果上食用。

白、红酒醋
以葡萄酒发酵而成的酒醋。白葡萄酒醋风味独特、酸味较强，适合鱼的烹调以及油醋腌酱或沙拉酱汁的调配。红葡萄酒醋略带苦味，风味更醇厚，适用于所有的菜品。

盐
被五个海洋所包围的意大利的盐含有丰富的矿物质。特别是在西西里大区的特拉帕尼，至今仍延续着两千多年的制盐法。

肉类和水产的加工品

意式培根或意式腊肠等肉类加工品，不同的地区有各自的传统制法。最具代表性的水产加工品就是鳀鱼或鳕鱼干。放上香肠片或者将其切碎撒在料理上，是不可或缺的提味料。

意式培根
猪五花肉用盐揉腌之后熟成的肉片。有的也会添加一些香草类的香料。经常作为意大利面或汤品的食材，可以增添风味和香气。

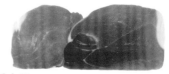

熏火腿
未经加热的猪腿肉以食盐腌渍、干燥而成，是最具代表性的肉类加工品。特别有代表性的是艾米利亚-罗马涅大区的帕马熏火腿，就是以传统方法制成的。

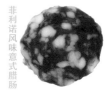
菲利诺风味意式腊肠

托斯卡纳风味意式腊肠

意式腊肠
在猪绞肉中混拌了猪背油等油脂，干燥而成的香肠，在意大利各地都有制作，其中最出名的是托斯卡纳大区生产的托斯卡纳风味意式腊肠。

泥状

片状

鳀鱼干
将鳀鱼去除头部和内脏，以盐或橄榄油腌渍而成。橄榄油腌鳀鱼有剔除了鱼皮、鱼骨的片状，以及捣成泥状的两种。

鳕鱼干
鳕鱼的加工品中，有将梭鳕的头和内脏干燥而成的咸鳕鱼干以及将鱼身对切开后用盐腌制干燥而成的盐渍鳕鱼干。

意大利面

意大利面（Pasta）简单的理解就是"揉搓的面团"的意思。意大利面分为干燥和新鲜的两大类，干燥意大利面又分为长形、短形等种类。

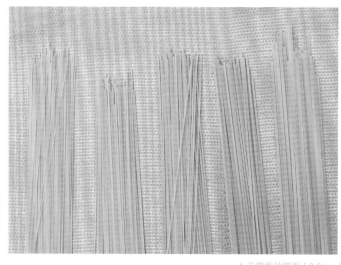

长形意大利面

原料当中使用粗粒小麦粉，加水和盐揉搓而成的细长面条，常见于意大利南部。从直径0.9mm左右的极细面条，到中间有孔洞的2.5mm的粗面条，各式各样，应有尽有。用较深的大锅来烫煮面条是煮出好吃面条的关键。

1.天使发丝细面（0.9mm）
2.意大利极细面（1.4mm）
3.意大利细面（1.6mm）
4.意大利面（1.9mm）
5.细扁面

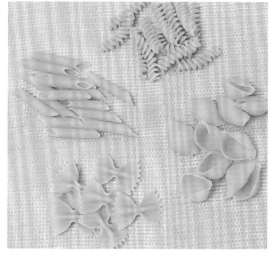

短形意大利面

有通心粉、笔管面、贝壳面、水管面等各种形状。比较小的面可以浮在汤水上，即使在浅锅中也可以烫煮，并且保有意大利面的弹牙状态，做起来很方便。意大利人较常食用短形意大利面。

1.笔管面（前端像笔的形状）
2.螺旋面（有沟槽状）
3.蝴蝶面（蝴蝶的形状）
4.贝壳面（贝壳的形状）

面皮·现做·鸡蛋面

意大利北部常吃的面，主要由面粉、鸡蛋和盐制成。因此，有着干燥意大利面所没有的柔软口感，这是其最主要的特征。这种面中加了鸡蛋，还包裹了其他的食材，或者用菠菜、番茄等染色调味，真是色香味俱全。

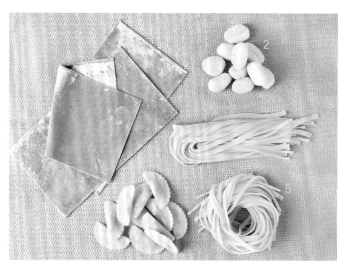

1.千层面（面皮）
2.意式面疙瘩
3.意大利宽面（宽约8mm）
4.意式饺子（包入了其他材料）
5.意大利宽面（宽约3mm）

奶酪

在全球8000种以上的奶酪当中，约有500种是由意大利制作出来的。在意大利，与其说吃奶酪，不如说是将其运用于料理或点心之中。相对于新鲜软质的奶酪和蓝纹奶酪，硬式奶酪更占主流。

帕马森干酪

帕马森干酪是世界闻名的意大利奶酪。无论是奶牛的饲养还是其风味香气以及成熟过程等，都经过严格的管理。即使在意大利，也只有摩德纳、博洛尼亚等五个地区被认定允许生产。

马斯卡普尼奶酪

乳脂成份在70%以上，是一款味道浓醇的新鲜奶酪。在意大利境内可以全年制作。因为有着鲜奶油般的风味，所以经常被用来制作提拉米苏等甜点。

里科塔奶酪

将奶酪制造过程中所产生的乳清加热至90℃，使其浮上表面后制成的。里科塔就是再度加热的意思，故而以此命名。意大利南部经常制作这种奶酪。

塔莱焦奶酪

在意大利是一种较为少见的水洗式奶酪。以牛乳为其原料，中间稍稍柔软且有少许的甜味，但熟成期要用盐水洗浸表面，所以表皮有很独特的味道。

卡斯特马干酪

生产于皮埃蒙特大区的三个地区。以牛乳为主要原料，再混入羊乳。仅能在条件不太好的山岳地带制作，因而产量有限，是高价珍贵的干酪。

水牛制品　　　乳牛制品

马苏里拉奶酪

将水牛和乳牛凝固了的牛乳放在热水中搓揉，再将其剥成适当大小的新鲜软式奶酪。因不含盐分，所以经常会撒上食盐、胡椒、橄榄油等来食用。

帕达诺奶酪

形状和制作方法都与帕马森干酪十分类似，但帕达诺奶酪的熟成时间需要9个月，较为短暂。意大利北部的波河流域平原是其主要的生产地。

戈贡左拉奶酪

在伦巴第大区的戈贡左拉村中，从公元九世纪就开始生产了，是有着悠久历史的奶酪。分为辣味和甜味两种。

佩科里诺奶酪

所谓的佩科里诺就是以牛乳制成的奶酪的总称。在罗马制作就会称之为"罗马佩科里诺"，将产地也列入名称中。咸味较重，因此舌尖上的特殊咸味就是其最大的特征。

意大利果仁味羊奶干酪

以连接瑞士和法国的瓦莱达奥斯塔大区原产种羊的羊乳制成。充满弹性和香甜风味，加热溶化时会散发出独特的香气。

谷类

虽然意大利属于欧洲，却也是个食用大米的国家。只是在意大利，米饭不是当做主食来食用，而被看成是蔬菜的一种，运用于汤品或沙拉中。其他的麦片、裸麦、玉米粉（Polenta）等也经常用于料理中。

意大利米

卡纳罗利米
细长且米粒较大。不太黏也不容易煮烂，适用于炖饭。

纳诺米
米粒稍圆。除了可用于炖饭外，也常被用来代替蔬菜或意大利面。

面粉

小麦粉
在意大利，面粉的精度依序分为00、0、1、2、全麦粉等。照片为精制度00的面粉。

粗粒小麦粉（semolina）
是制作意大利面的原料粉。面粉的颗粒较硬，粉粒呈较粗的砂状。

玉米粉
玉米的粉末。可以热水搅拌做成的玉米糕。有黄色和白色两种。

蔬菜

在季节变化丰富的意大利，各地都种植蔬菜。地方料理中也常使用多种蔬菜，市场几乎每天都满满地排列着各种颜色的新鲜蔬菜。

洋蓟
菊科花苞的一种。别名：朝鲜蓟、洋百合。营养价值极高，有"蔬菜之皇"的美誉。有强烈的涩味，花萼和花瓣的部分可食用。

番茄
南部特产圣马尔扎诺品种的番茄，甜度和酸味恰到好处，也很适合加热后食用。

笋瓜
瓜科，别名西葫芦，是南瓜的一种。也有带着黄花的笋瓜。

玉兰花
英文称为欧洲菊苣（chicory）。是菊苣的变种，用布覆盖后使其软化栽植而成的嫩芽。

吉康菜
在英文当中称为菊苣（endive），就是我们说的玉兰花。口感很好且具有微微的苦味。经常用于做生菜沙拉。

茴香
芹科多年生草本植物。具有清爽和略带甜味的香气，经常用于油醋腌渍和炖煮。

甜椒
甜辣椒的一种，比青椒更富含水分，椒肉更厚，可生食。

菌菇类

在意大利最具代表性的菇类，就是美味牛肝菌和松露。松露号称是世界三大美味之一，意大利的翁布里亚大区（Umbria）是其主要产地。牛肝菌又分新鲜和干燥的两种，市面上销售的大都是干燥的。

干牛肝菌
艾米利亚-罗马涅大区产的最为著名。新鲜牛肝菌的香气更浓，浸泡干牛肝菌的汤汁还可用于制作料理，多半被用在汤类、炖饭或是意大利面中。

蘑菇
在意大利是最常见的菇类。有着较丰厚的菇肉，虽然小但却能搭配各式各样的料理。

黑松露
分白色和黑色的两种。白色的较为稀少。没有菌菇类特有的伞帽和菇柄，表面粗糙。大多切成薄片或切碎使用。

番茄加工品
有加热处理过的去皮番茄、连同果汁的整粒罐装番茄、在太阳下曝晒干燥的番茄干等，在意大利还有很多方便使用的加工品。

其他加工品

还有各式各样的食材用来制作意大利料理，比如番茄加工品、橄榄、酸豆等都是意大利家庭的常备材料。香草类和豆类也是绝对不容忽视的。

橄榄
餐桌上的橄榄，主要有绿橄榄和黑橄榄两种。有除去了橄榄核的，还有连带橄榄核与红甜椒或鳀鱼制成罐头的，种类繁多。

酸豆
将山柑科的花苞用盐或醋腌渍而成。可加入意大利面酱汁或直接食用。

罗勒酱
将罗勒叶、橄榄油和松子一同用果汁机或食物调理机搅打而成的膏状酱料。

各种高汤的制作方法

　　高汤作为汤类、炖煮料理的基础，是提升各类酱汁的风味，去除材料腥味不可或缺的基本材料。若能事先做好备用就非常方便了。

　　高汤、汆烫海鲜的高汤、鸡高汤、小牛高汤等冷冻后可保存1～2个月，鱼高汤可保存2～3周。

高汤

Brodo

在意大利称之为Brodo，是可以随处运用的高汤。
用牛或鸡来熬煮，味道浓郁，再加上香味蔬菜和辛香料的香气就更加鲜美了。

材料（1l的分量）　※方盘中是水以外的材料

牛膝肉……… 300g	番茄……… 120g（1/2个）
鸡骨架……… 4只（400g）	丁香……… 1颗
水……… 3L	白粒胡椒… 3粒
洋葱……… 3/4个（150g）	百里香……… 1根
胡萝卜……… 2/3根（100g）	月桂叶……… 1片
芹菜……… 1/2根（50g）	白葡萄酒… 100mL
大蒜……… 1片	

1 圆筒深汤锅中放入取出了内脏的鸡骨架、切除了脂肪的牛膝肉和水。

2 将步骤1的锅以大火加热。沸腾后转成小火。待杂质浮出后小心地用汤匙舀出。

3 将洋葱纵向对切，并将丁香刺在洋葱上。胡萝卜也纵向对切。将以上材料和芹菜直接放入锅中。

4 将番茄去蒂，与取出中央芽心并对切了的大蒜、白粒胡椒、百里香、月桂叶、白葡萄酒一起放入锅中，在保持沸腾的状态下熬煮4个小时。

5 在过滤器上铺放厨房纸巾，用汤匙舀起汤汁过滤。待舀至适度位置后，再提起汤锅一口气地过滤。

> *Point*
> 过滤时要舀起上方清澈的汤汁，必须注意不要使汤汁变浑浊。

鱼高汤

fumette di pesee

由美味的白肉鱼所衍生出来的爽口高汤。

为了不熬煮出鱼骨髓中的杂味，请在短时间内完成，熬煮至味道香气最好时立刻过滤，是制作的重点。

汆烫海鲜用的高汤

fuge di earne

以洋葱、胡萝卜等具有香味的蔬菜为主要材料熬煮而成的爽口高汤。主要用于较有腥味的内脏类或鱼贝类的事前烫煮。

材料（1L的分量）　※方盘中是水以外的材料

比目鱼……1kg		白葡萄酒…100mL	
洋葱……1/3 个（60g）		水……1L	
红葱头……1/5 个（20g）		白粒胡椒……3 粒	
芹菜……1/3 根（30g）		百里香……1 根	
蘑菇……2 个（16g）		月桂叶……1 片	

材料（1L的分量）

洋葱………………1/2 个（100g）
胡萝卜……………1/3 根（50g）
芹菜………………1/3 根（30g）
柠檬………………1 颗（切圆片）
白葡萄酒…………100mL
水…………………1L
白粒胡椒…………3 粒
粗盐………………少许
百里香……………1 根
月桂叶……………1 片

※方盘中是水以外的材料

1 比目鱼从头开始剥除两面的鱼皮，接着切掉鱼头和鱼鳃。切除内脏和带血的部分，洗净后切块备用。

2 将鱼肉放入装满冰水的盆中，浸泡约5分钟以去除血和鱼腥味。

3 将洋葱、红葱头、蘑菇、芹菜等切成薄片，连同水和白葡萄酒一同加入锅内。

4 将步骤2的比目鱼肉沥干水分，放入锅中，加入白粒胡椒、百里香、月桂叶后以大火加热。

1 将洋葱、胡萝卜、芹菜切成薄片。将所有的材料放入锅中，约煮20分钟，同时要不时地捞除浮渣。

5 当浮渣浮出后，用汤匙捞除。约熬煮20分钟后在过滤器上铺放厨房纸巾，用汤匙轻巧地过滤汤汁，完成。

Point

加热的火力过强时，高汤会变混浊，所以保持稍微沸腾的状态即可。

2 在过滤器上铺放厨房纸巾，用汤匙舀起高汤轻巧地加以过滤。待舀至某个程度后，再提起汤锅一口气地过滤。

小牛高汤

fuge di earne

意大利版的"Fond de veau"（法语，即小牛肉高汤）。
用小牛肉和小牛膝肉熬煮，香气浓厚、味道芳醇是其主要特征。
小牛肉被烘烤至香味四溢后再放入锅中熬煮。

1 洋葱、胡萝卜、月桂叶、芹菜
切成块状。大蒜带皮直接纵向
对切。

在涂了油的烤盘上放置蔬菜和小牛膝骨，
放入预热至220℃的烤箱中烤至焦色。

材料（1l的分量）	
牛膝肉	300g
小牛膝骨	1kg
洋葱	3/4 个（150g）
胡萝卜	1/3 根（50g）
芹菜	1/5 根（20g）
红葱头	1/5 个（20g）
大蒜	1 片
番茄	120g（1/2 个）
番茄酱	20g
水	4l
白粒胡椒	3 粒
百里香	1 根
月桂叶	1 片
色拉油	适量

※方盘中是水以外的材料

2 不时地翻动步骤1中的
小牛膝骨，使其全部均
匀地烤出焦色。

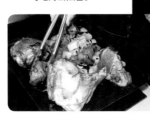

3 将切成5cm块状的小牛膝肉放在用色
拉油预热过的平底锅中，煎至表面呈
漂亮焦色。

5 除去浮渣后，再放入白
粒胡椒、蔬菜和对切的
番茄、百里香、月桂叶
等，再熬煮6～7小时。

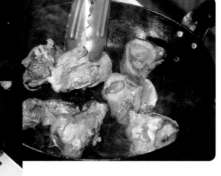

6 浮出的浮渣用汤匙捞
除。待时间到了后，在
过滤器上铺放厨房纸
巾，用汤匙舀起高汤轻
巧地加以过滤。待舀至
某个程度后，提起汤锅
一口气地过滤。

4 在步骤2中的材料烤焙成淡淡烘烤色时，再淋撒上番
茄酱继续烘烤。将小牛膝骨和牛膝肉放入较深的汤
锅中以大火加热。待其沸腾后转为小火，用汤匙舀
取浮渣。

鸡高汤

fuge di carne

由鸡骨熬煮出的高汤风味绝佳，制作方法也很简单。
不但没有特殊的味道，还是适用于所有料理的万能高汤。

1 将鸡骨放入装有水的深汤锅中。

材料（1L的分量）

鸡骨架	4只（400g）
鸡腿肉	250g（中型1个）
水	2L
洋葱	100g（1/2个）
丁香	1个
胡萝卜	3/4根（120g）
芹菜	1/2根（50g）
月桂叶	1片

※方盘中是水以外的材料

2 将步骤1中的材料以大火加热。当浮出浮渣时，用汤匙将浮渣捞除。

3 丁香刺在洋葱上，与纵切成4等份的胡萝卜、芹菜、月桂叶和鸡腿肉等一起放入步骤2的锅中，约熬煮4个小时。用汤匙捞除浮渣。

Point

将丁香刺在洋葱上，当丁香的味道过重时，可以方便取出。

4 在过滤器上铺放厨房纸巾，将上面清澄的部分轻巧地加以过滤。待用汤匙舀至某个程度后，再提起汤锅一口气地过滤。

市售的高汤

只要放入锅中即可完成的高汤

如果觉得熬制高汤太麻烦，可以使用市面销售的高汤。虽然与自制高汤的美妙风味略有不同，但随时都可以立刻使用，非常方便。市售高汤有颗粒状、液体以及细粉状等各式种类。

方块状的鸡汤块。

意大利产颗粒状的鱼高汤。

只要添加这些材料就会让您的菜肴立刻变成正宗的意大利料理

9种基本材料

意大利料理中必备的基本材料，制作简单，使用也很方便。
特别是蒜香橄榄油和番茄酱汁等，是本书中经常使用的材料。
再加上自己的一些创意，或许还能发现新的风味呢。

蒜香橄榄油

材料（约120mL）

橄榄油……1/2杯
大蒜……5片（20g）

用途

用于意大利面、炖饭、沙拉酱汁等中，是意大利料理中最不可或缺的。仅是将大蒜和橄榄油混拌在一起而已，非常简单。

制作方法

在密闭容器中放入切碎的大蒜和橄榄油一起混合。冷藏状态可保存2～3周。

综合香草

用途

预先将几种干燥的香草混合备用，可以将其撒在意大利面酱汁或比萨上，称得上是万用材料。

材料（约15g）

牛至、鼠尾草、迷迭香、百里香、马郁兰 各1大匙（完全干燥的香草）

制作方法

将所有的材料放入盆中混合，再放进密闭容器中存放。约可保存1年。

辣椒油

用途

在料理当中，希望利用加辣来提升风味时使用，非常方便。红辣椒和橄榄油一起混合后，大约放置一天就可完成，可以起到提升风味的效果。

材料（约180mL）

橄榄油……120mL
红辣椒……20～30根

制作方法

在密闭容器中放入红辣椒和橄榄油一起混合。冷藏状态可保存2～3个月，放在阴暗处则可保存1～2个月。

意式培根

用途

将猪五花肉用盐腌渍而成的加工品。可作为意大利面酱汁或汤品的食材，也可作为三明治的材料烤香后使用。

材料（约500g）

猪五花肉……500g
盐……10g
黑胡椒、前面提到的
综合香草……各适量

制作方法

①在猪五花肉上用叉子刺出大量的小孔。②撒放黑胡椒、盐和香草，以揉搓的手法来调味料揉搓入味。③将肉块放置在架有网架的浅盘上，放置于冷藏室中约1周。冷藏状态可保存1～2周，冷冻则可保存1～2个月。

油炒蔬菜酱

用途

指用洋葱、胡萝卜、芹菜等蔬菜细丁炒成的蔬菜酱。常被用来制作肉酱或炖煮料理。

开始时以大火拌炒，待食材的颜色开始转变时，再以拌匀锅底材料般地翻炒。

将食材拌炒至此状态，约需15分钟，再将其移至浅盘中，放凉后保存。

材料（约200g）

洋葱…………2个（400g）
胡萝卜……1/2根（75g）
芹菜………1/2根（40g）
蒜香橄榄油…………2大匙
奶油………………1小匙

制作方法

①将洋葱、胡萝卜、芹菜切成细丁。②将蒜香橄榄油和奶油放入锅中加热，将步骤①中的材料放入锅中拌炒至食材呈茶色。③冷冻保存，可以在使用时再度炒热。冷藏约可保存1周，冷冻则可保存1~2个月。

番茄酱

用途

在意大利，所谓的番茄酱就像中国的味精一样，没有了番茄酱，也就无法烹调意大利面、炖饭或者汤品。

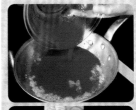

水煮番茄用网筛过滤后使用。虽然事先加以调味，但在最后仍然要试试味道，再增减必要的盐分。

材料（约600g）

水煮番茄……………800g
洋葱…………1/4个（50g）
蒜香橄榄油、盐、胡椒
………………………各适量

制作方法

①在锅中加热蒜香橄榄油，放入切碎的洋葱丁拌炒至颜色改变为止。②将用网筛过滤后的水煮番茄加入步骤①的锅中，加入盐、胡椒调味，熬煮至分量成为原来的2/3。最后试试味道，若有不足可再加入食盐调味。冷藏可保存4~5天，冷冻则可保存1~2个月。

番茄干

用途

用小番茄制作的番茄干，浓缩了番茄原有的酸甜风味。加入意大利面酱汁中可提升味道。

材料（40份）

小番茄……20个
盐……适量

制作方法

①将小番茄去蒂对半横切。②切口朝上地并排放在烤盘上，并在全体食材上轻撒适量的盐。③将步骤②放入预热至100℃的烤箱中烘烤30分钟后冷却。之后再放置于烤箱中烤约30分钟。之后再次重复步骤③的作业。④放置在通风良好的场所约1天，使其完全干燥。使用时浸泡在温水中15分钟左右即可恢复原状。

罗勒酱

用途

罗勒叶与松子等用搅拌机搅打制成的万能酱汁。在制作时请使用新鲜的罗勒叶。

材料（约160g）

罗勒叶……30g
大蒜……1/2片（5g）
松子……20g
帕玛森干酪（磨成粉状）……20g
EXV橄榄油……80mL

制作方法

①在研磨用钵碗中，放入除EXV橄榄油之外的所有材料加以研磨。②在研磨过程中将EXV橄榄油以少量滴落的方式加以混拌。以冷藏方式可以保存2~3周。如果有食物搅拌机就更简单了。

柠檬蒜调味料

用途

意大利特色的调味料。可以用于消除腥臭、增添风味。调味料做好后，应尽量在香味绝佳时用完。

材料（约12g）

柠檬皮……1/4个
迷迭香……1/2枝
大蒜片……1片（4g）

制作方法

①将所有的材料切成细末。②依自己的喜好撒放在料理上。

加在有特殊风味的菜肴或是口味较重的料理上时会更加爽口，非常方便。

在此刻就决定了料理完成时的成败

意大利面的煮法及材料的准备

烹调料理时，材料预备得是否得当，是关乎成败的重要步骤。
特别是使用大量蔬菜的意大利料理，事前的准备更是必须的。
在此要介绍的是意大利面的基本煮法以及代表性材料的准备方法。

意大利面的煮法

　　意大利面的煮法是最为关键的。

　　在此是以干燥的长形意大利面和短形意大利面为例。

1 以意大利面的大小来决定煮面的锅

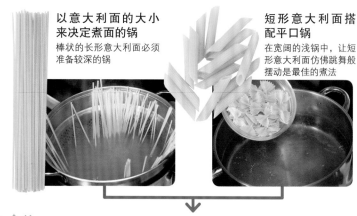

以意大利面的大小来决定煮面的锅
棒状的长形意大利面必须准备较深的锅

短形意大利面搭配平口锅
在宽阔的浅锅中，让短形意大利面仿佛跳舞般摆动是最佳的煮法

2 在大量的水沸腾后，加入食盐

在煮100g意大利面时必须使用1l以上的热水，需要加入10g的盐。舌头可以感觉到热水中的咸味即可。使用粗盐更可以提升风味。

3 放入意大利面

在锅上放入干燥的长形意大利面，用两手将整束的面条以扭转方式放入锅中。

待其稍稍沉入锅中后，充分搅拌。大约在标示时间的1分钟前，用网筛将面捞起沥干。

短形意大利面放入锅中煮的时候也要不时地搅拌。依标示的时间用网筛将面捞起沥干。

番茄的氽烫剥皮法

要想既不破坏番茄的营养成分又能充分享受美味的口感，还可以活用于料理之上，必须事前非常慎重地进行预备。

①将去除了番茄蒂的整颗番茄浸在大量的热水中，当除去番茄蒂的位置的周围开始有点翻卷起来时，就必须将番茄捞出。

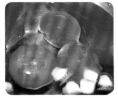

②捞起的番茄必须立刻泡入放有冰块的冰水中，使其能急速冷却。

③将冷却了的番茄擦干，利用水果刀将外皮从卷起的地方开始剥除。

Point

要注意如果番茄氽烫过度，皮被煮破，会使味道变淡。

蘑菇的预备处理

用毛刷掸掉附着在表面的泥土、灰尘等。

毛质柔软的掸刷是最好的。水洗会变色，味道也会变得水水的。

芦笋皮的刮除法

用刮皮刀刮除芦笋皮时，要领是不要刮得太厚。

连皮的结用刀子切除后，就可以用刮皮刀刮下薄薄的芦笋皮了。

干牛肝菌的浸泡还原法

干牛肝菌有时会混杂着脏污和泥土，所以先以水浸泡还原后再使用。

Point

浸泡还原的汤汁非常鲜美，因此不要轻易倒掉可活用的澄清的汤汁。

以冷水浸泡还原约需30分钟。如果未将牛肝菌彻底泡软还原，会残留硬芯在其中，必须多加注意。

菠菜的氽烫方法

菠菜的根部要在氽烫前先切开，但不要切掉是重点。

将颜色变黑的根轴前端切掉，再将轴部切开呈十字状。

在水里将菠菜洗干净后，根茎部朝下放入沸腾的热水中氽烫。

甜豆的除蒂法

甜豆必须先去蒂除筋。

甜豆蒂的部分折断后向下拉开就能除筋。不要忘记另一侧也要进行相同的处理。

茄子的除涩法

虽然只要将茄子浸泡在水中就可以去涩，但相较之下
撒上盐的效果会更好。

①将茄子放置在浅盘中，撒上大量盐。

②翻拌使全部茄子都能撒上盐。

③放置30分钟后涩味都除去了，再以清水洗净沥干备用。

取出蒜芽的方法

大蒜中残留着蒜芽，会损及口感，因此要先除去蒜芽后再使用。

辣椒的事前处理

首先将籽取出，切成圈状，视情况将其浸泡于水中。

蛋白霜的打发法

用打蛋器掬起时，蛋白呈挺立状，就表示打好了。

先用菜刀切下大蒜的一端。

用手指将辣椒蒂折断，或用剪刀剪断。

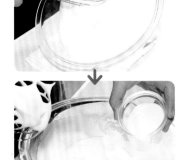

用牙签从未切开的另一端刺入。如此，蒜芽就可以被牙签刺出来了。

用手指轻敲倒出辣椒中的籽。切成圈状浸泡在水中可以使辣椒变得柔软。

一边将盆倾斜，一边打发加入少量砂糖的蛋白。开始打发时，将砂糖分2～3次加入，直至蛋白掬起时呈挺立状。

刀法不同味道自然不同

蔬菜的常见切法

仔细地切好材料，不仅会对料理的外观有很大的影响，同时还可以使口感更好。
沿着食材的纤维切下，并依烹调方法切出适当的形状和大小，就是要点。

薄片切法

是切成细丝或细丁的基础。可以依照料理的需求
而改变切片的厚度。

将切成适当长
度的材料去
皮，接着沿食
物的纤维切成
薄片。

⬇

细丝切法

将食材切成像细线般的丝状。沿着食材的纤维切
就是重点。

将切好的薄片
重叠排好后，
沿着食材的纤
维切成相同的
细丝。

⬇

细丁切法

将切成细丝的食材转动90°，由边缘再次细细切
成细丁。

常见于制作油
炒蔬菜酱或蒜
香橄榄油等，
是意大利料理
中经常使用的
切法。

条状切法

切成四方形棒状的方法。这种切法还可以接着切
成方块或小方片。

切成4～5cm
的长度，沿着
纤维切成宽约
1cm的条状。
圆形的菜则可
以先切除周
围使其成为
四角形。

方块切法

切成像色子的形状。将切成条状的食材，再切成
立方体的形状。

将条状食材切
成边长约1cm
的立方体。

小方片切法

由条状切法衍生而出的切法，切成像色纸般的薄
片方形。

将切成条状的
食材转动90°
后，再切成
1～3mm的厚
度。

精确地计量材料是制作料理的关键

调味料的计量方法

调味料的分量是否经过精准的计量，会使料理完成时有着完全不同的风貌。
使用量匙来计量时，液体与固体的测量方法并不相同，所以请务必记清楚。

量匙的计量方法

平匙的1匙

固体

盛砂糖、盐等粉状物质时，可以利用刮棒沿着量匙边缘划过，即可刮除多余的量。

液体

盛醋等液体确实是满满的1匙。盛浓度较大的油等液体时，则以平匙来计量。

平匙的半匙

固体

以平匙1匙来计量，之后再从量匙中央划除一半的分量。

液体

量匙的底部面积较小，所以必须倒入量匙的2/3的位置。

平匙1/4匙时

盛液体时，以1/2匙的深度为基准。盛固体时，可以利用半匙的分量再划除一半的分量。

以手来计量时

少许的盐

基本上是指1/4小匙以下的分量，可视料理的分量而加以调整。

一小撮盐

是指由拇指、食指以及中指的三根指头抓起的分量。约0.4g。

适量

"适宜"或"适量"都是配合料理取适当的分量。可先试试味道后再加以调整。

第2章
开胃前菜

意大利餐厅的等级及菜单的构成

意大利的餐厅有等级分类

如何通过看名字就可以知道意大利餐厅的情况呢?

在意大利,餐厅是以等级来分类的。其中等级最高的,称之为餐馆(Restaurante),主要是以5~8种(请参考下表)的菜单构成套餐的结构。另外,以点菜为主可以享用酒类的餐厅,称为"意式小酒馆(Osteria)"或"意式小食堂(Trattoria)"。

尽管如此,和过去相比,现在即使是小酒馆或小食堂,也有足以与餐馆相提并论的高级店铺,餐馆级的店家会以"Enoteca(酒店、酒馆的意思)"来命名,所以现在已经无法一概地只用店铺名称来判断了。其中有很多是以"妈妈(manma)"或"祖母(nonna)"等亲人的名字,或是"mario"、"maria"等意大利大众化的名字来命名。

意大利餐厅的等级

等级	说明
餐馆	高级餐厅。菜单是以从开胃前菜开始到甜点为止的套餐为主。
意大利小酒馆	餐厅或酒屋。也有一些是历史悠久且优雅的高级餐厅。
意式小食堂	一般的餐厅。大部分是家族经营的风味家庭料理。
大众餐馆	和上面的意式小食堂相同。也有些是只提供品餐食的简易食堂。
专门店 比萨店/意大利面店/葡萄酒专卖店等	比萨、意大利面、葡萄酒专卖店。还有啤酒、鸡尾酒、意大利冰淇淋的专卖店等。
酒吧	有吧台,可提供酒类和其他浓缩咖啡、面包等食物。
咖啡馆	咖啡厅。最近有些店铺将酒吧和咖啡馆加以结合,使其一体化经营。

如果迷路,请看看餐厅的名字

意大利的餐厅名字虽然很多,但常常都是当地的地名或店家的名字,或者是道路名称。在意大利,所有的街道都有名称。如果能将道路的名称当成餐厅名应该比较容易记忆,所以才会说迷路时请看看餐厅的名称。

比较有代表性的菜单

1. **餐前酒(aperitivo)**
具有增加食欲的作用,金巴利苏打水和苦艾酒常是餐前酒的固定种类。

2. **开胃前菜(antipasto)**
吃套餐时,最开始的一道菜。通常是沙拉、醋腌或烘煎蛋(P61)之类的。

3. **第一道菜(primo piatto)**
意大利面、炖饭、汤品、比萨中任选一样。

4. **第二道菜(secondo piatto)**
是以鱼或肉煮成的主菜。

5. **配菜(contrno)**
搭配主菜食用的可挑选的配菜。

6. **奶酪(formaggio)**
餐后送上来的,也经常用于料理之中。这项服务提供与否会因餐厅而有所不同。

7. **点心(doice)**
意式鲜奶酪或提拉米苏,以及加入了各种水果的什锦水果冻等都很有名。

8. **餐后酒(digestivo)**
渣酿白兰地(Grappa)和称之为柠檬酒的柠檬利口酒等,风味较浓重的酒比较适合。

Carpaccio

白肉鱼薄切片

吃起来有生鱼片的感觉，清淡爽口的开胃前菜。

白肉鱼薄切片

材料（2人份）

鲷鱼（或白肉鱼）……1条（160g）
葡萄柚……………………1/4 个（75g）
盐、胡椒…………………适量

配菜材料

小黄瓜……………………1/10 根（10g）
芹菜………………………1/10 根（10g）
甜椒（红）………………1/10 个（15g）
绿橄榄（连果核）……1 粒
意大利芝麻菜……………1 株

葡萄柚酱汁的材料

葡萄柚果汁（上述）…1 大匙
白酒醋……………………1 大匙
EXV 橄榄油 ……………2 大匙
盐、胡椒…………………适量

Point

必须将鱼片切成相同的厚度摊平摆放在盘子上。

所需时间
30分钟

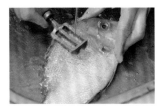

01 为不使鱼鳞四处飞溅，将鱼放在水槽中，边用水冲边刮除鱼鳞。尾巴及鱼鳍附近先用刀尖将其刮落。

02 擦干之后，将鲷鱼头朝左放置在砧板上。接着将胸鳍及腹鳍拨向头部，从鱼鳃的位置将菜刀斜切进去。

03 菜刀切入至碰触到中间鱼骨，将鱼翻面，头部仍向左，用菜刀压下切开。

04 从鱼腹下方的肛门插入菜刀割至腹部。用菜刀将内脏挖除，将鱼的污血袋刮开。

05 在装满水的盆中清洗鱼腹和带血的部分，之后再用干布将鱼仔细擦干。注用流水清洗，水压可能会伤及鱼肉。

06 将鱼腹朝向自己，从鱼鳍上方2mm线条处切入。

07 将菜刀插入至碰到鱼骨，在切开之后，将鱼反转至背鳍朝向自己的方向。

08 沿着背鳍上方2mm处用菜刀切入。将菜刀的刀刃沿着中央的鱼骨全部切进鱼肉中。

09 将菜刀由尾部垂直切入至中央鱼骨处。在鱼尾处以毛巾按压加以固定，接着将菜刀沿着中央鱼骨上方，仿佛滑动般地切开上半部的鱼肉。

10 下半部的鱼肉，也以步骤06～09的要领，固定鱼尾，用菜刀切开下半部的鱼肉。

11 ⑪鱼切分成三片。把鱼片举起时，可以透视鱼骨是最佳厚度。

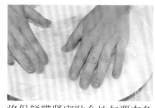

16 将保鲜膜紧密贴合地包覆在鱼薄片上，放在冷藏库中。

21 把部分芝麻菜的叶片切成细丝。

12 将菜刀插入鱼腹骨和鱼肉间，挑起鱼腹骨之后，仿佛滑动般地用菜刀将鱼腹骨切下。

17 制作浇淋酱汁。沿着葡萄柚的果皮和果肉间，削除外皮及白色内膜。

22 将小黄瓜、芹菜、红甜椒各切成3mm的方块。绿橄榄去核，也切成3mm的方块。

13 请将鱼头朝向右方，边以左手中指按压鱼身边挑出细小的鱼刺。

18 沿着每片葡萄柚的薄膜切入，从皮膜上将果肉拨下。

23 将步骤19的果汁与白酒醋、EXV橄榄油、盐以及胡椒等加入盆中，再加入步骤22的材料，用打蛋器混拌。

14 将菜刀滑动般地削切，使鱼肉削切成大小相同的薄片。

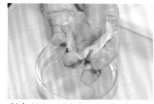

19 剩余的芯和果肉，因浇淋酱汁的需要，用手来绞挤出果汁。

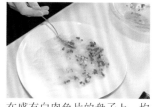

24 在盛有白肉鱼片的盘子上，均匀地浇淋上步骤23制作的浇淋酱汁。⑪为使每片鱼肉都有相同的味道，务必要均匀浇淋。

15 将切好的鱼片摆放在盘子上，撒上盐和胡椒。

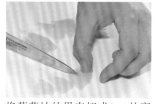

20 将葡萄柚的果肉切成1cm的宽度。

25 将步骤20的葡萄柚果肉撒放在鱼片上，最后再摆放芝麻菜的细丝。

意大利料理的诀窍与重点❶

橄榄油的种类

依照国际橄榄油协会的标准分为两大类

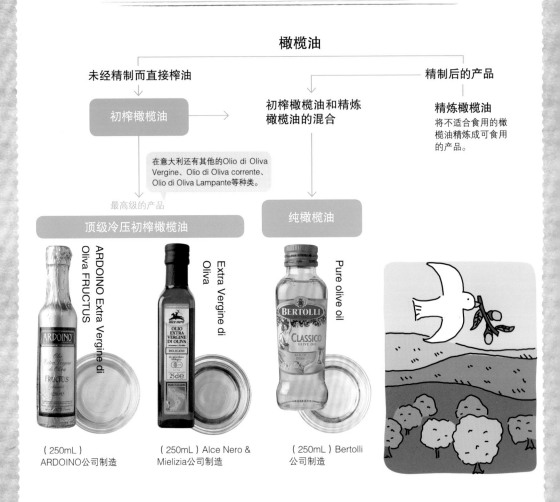

橄榄油

未经精制而直接榨油 ──── 精制后的产品

初榨橄榄油 ──→ 初榨橄榄油和精炼橄榄油的混合

精炼橄榄油
将不适合食用的橄榄油精炼成可食用的产品。

在意大利还有其他的Olio di Oliva Vergine、Olio di Oliva corrente、Olio di Oliva Lampante等种类。

最高级的产品

顶级冷压初榨橄榄油

纯橄榄油

ARDOINO Extra Vergine di Oliva FRUCTUS

Extra Vergine di Oliva

Pure olive oil

（250mL）
ARDOINO公司制造

（250mL）Alce Nero & Mielizia公司制造

（250mL）Bertolli
公司制造

顶级冷压初榨橄榄油是最好的橄榄油

现有500多个橄榄油品种的意大利，根据国际橄榄油协会的标准，将橄榄油分为未经精炼可直接食用的初榨橄榄油与混合了初榨橄榄油和精炼橄榄油的纯橄榄油两种。初榨橄榄油中，顶级冷压初榨橄榄油（以下称为EXV橄榄油）是酸度在0.8％（每100g）以下，有着完全香气的橄榄油。另外，酸度较高的初榨橄榄油和精炼橄榄油混合的酸度在1％以下的橄榄油，称之为纯橄榄油。

为了不损害EXV橄榄油的风味和香气，一般都是不经加热而直接使用。纯橄榄油主要用于加热烹调使用。

Carpaccio di manzo

牛肉薄切片

新鲜牛肉和芥茉酱搭配出的绝妙美味。

牛肉薄切片

材料（2人份）

牛肉（里脊肉或腿肉）
············150g
帕马森干酪············10g
红胡椒············1 小匙
雪维菜（法国香菜）
············1 枝（装饰用）
盐、胡椒············适量

蛋黄酱材料

蛋黄············1/2 个（10g）
黄芥茉酱············1 大匙
白酒醋············1 小匙
EXV 橄榄油············50mL
盐、胡椒············适量

搭配沙拉的材料

玉兰花············1 片（10g）
甘蓝············1/2 片（20g）
生菜············1 片（20g）
红酒醋············1/2 小匙
EXV 橄榄油············1 小匙
盐、胡椒············适量

Point

要使蛋黄酱能充分地乳化。

所需时间
20分钟

01 首先将湿布边扭转边卷成棒状，使其不致松脱地圈成圆圈状。

02 在步骤01的上方，倾斜地摆放盆并固定。ⓟ除了制作浇淋酱汁外，用于打发鲜奶油或酱汁的制作都很方便。

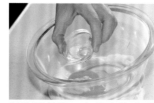

03 制作蛋黄酱。在盆中放入蛋黄、黄芥茉酱、再加入少量白酒醋。

04 在步骤03的盆中加入盐和胡椒后，立即用打蛋器打发。

05 用打蛋器充分拌匀后，再由上方少量逐次地滴入EXV橄榄油。

06 如照片所示般搅拌至掬起材料呈现尖角时，再加入剩余的白酒醋。

07 将烤盘纸裁剪成长宽比为3：2的长方形。将纸张沿对角线折下后剪成三角形。

08 将三角形的顶点位置朝向自己，从右端朝左边卷成圆锥形。

09 卷成圆锥形后，将三角形顶点向内折入，完成纸卷挤压袋。ⓟ要使重叠的部分不致散开，使前端可以成为尖尖的圆锥形。

10 将纸卷挤压袋放在高玻璃杯中，将步骤06中制成的蛋黄酱全部倒入。

11 用刮片将蛋黄酱向前推，将空气推出。

16 为了使肉片有味道，将盐、胡椒均匀地撒在肉片上。

21 然后加入EXV橄榄油，混拌后加入盐、胡椒。最后放入红酒醋拌匀。

12 将挤压袋口折入，使蛋黄酱不致流出来。

17 将步骤12中制作的蛋黄酱挤压袋的前端用剪刀剪开，在牛肉薄片上挤成Z字形。

22 将帕马森干酪均匀地撒放在肉片上。帕马森干酪使用前再削切，风味较佳。如果没有也可以用奶酪粉。

13 将牛肉切成相同厚度的薄片。①万一不小心切得太厚时，可以用肉槌将肉片敲薄，使坚硬的肉变软。

18 在牛肉薄片上撒上红胡椒，并将雪维菜的鲜艳面装饰在每片牛肉上。

23 在盘子中央放上步骤21做好的沙拉。①将沙拉叶片鲜艳面朝上放可以使外观更加美丽。

14 将切成薄片的肉片依顺时针方向以稍微重叠的方式排在盘中。

19 制作沙拉。将玉兰花切成1cm宽的斜切片。

15 将保鲜膜紧密包覆在薄肉片上，放在冷藏室中冰藏。

20 将撕成一口大小的甘蓝和生菜放入盆中，与玉兰花混拌。

Mistake!

蛋黄酱分离！

EXV橄榄油如果一次全部加入，会造成蛋黄酱的分离，所以必须多加留意。搅打至呈线状滴垂时，可以将打蛋器左右晃动地进行混拌。

为了使蛋黄可以和油脂相结合，逐次少量地加入就可以顺利完成。

适合所有料理的意大利沙拉酱的制作方法

3种沙拉酱就可以使料理花样翻新

意式沙拉酱

材料

柠檬汁	2 大匙
EXV 橄榄油	1/2 杯
切碎的罗勒叶	1 大匙
番茄	30g
盐、胡椒	适量

作法

❶在盆中放入柠檬汁、盐、胡椒，用打蛋器混拌。❷待盐溶化后以滴垂方式将 EXV 橄榄油少量逐次地加入其中混拌。❸将番茄氽烫去皮。❹在步骤②中加入步骤③和罗勒碎末混合拌匀。

巴萨米克醋沙拉酱

材料

巴萨米克醋	2 大匙
橄榄油	1/2 杯
大蒜（切薄片）	2 片（20g）
红辣椒	1 根
盐、胡椒	适量

❶在锅中放入橄榄油、大蒜、红辣椒加热炒出香味。❷在盆中放入巴萨米克醋、盐、胡椒混拌再加入冷却的步骤①中的材料。

鳀鱼沙拉酱

材料

白酒醋	2 大匙
鳀鱼（片状）	2 片（10g）
EXV 橄榄油	1/2 杯
荷兰芹碎末	1 大匙
酸豆（醋渍）	1 大匙
盐、胡椒	适量

作法

❶将鳀鱼、荷兰芹、酸豆切成碎末。❷盆中加入白酒醋、鳀鱼、胡椒混拌。❸将 EXV 橄榄油以滴垂的方式加入步骤②的盆中混拌。❹加入荷兰芹、酸豆，并以盐、胡椒调味。

打破烹调形式藩篱的万能沙拉酱

　　在此介绍的三种沙拉酱，可以让平时单调的料理在霎那间变成意大利料理。可作为沙拉酱，也可任意地运用于意大利面的酱汁，请大家务必试看。

　　首先，是罗勒叶和番茄鲜艳配色的意大利酱汁。理所当然可以用于沙拉，但作为鱼类或肉类的酱汁也是非常适合的。重点在于EXV橄榄油必须以滴垂的方式少量逐次地加入。

　　巴萨米克醋沙拉酱，有着令人回味的巴萨米克醋的风味，特别适合搭配香煎肉类或烘烤的料理。

　　鳀鱼沙拉酱搭配酥炸的鱼贝类或是香煎白肉鱼时，瞬时就可以提升风味。无论是哪一种沙拉酱，只要放入密闭容器内，都可以在冷藏库中保存1周左右。

Caponata di melanzane

圆茄炖菜

将圆茄子煮成酸甜口味就是最具代表性的西西里岛料理。

圆茄炖菜

材料（2人份）

圆茄……………1个（250g）
洋葱……………1/8个（25g）
芹菜……………1/10根（10g）
松子……………1/2大匙
酸豆（醋渍）……………1/2大匙
绿橄榄（连核）……………3个
红酒醋……………15mL
白葡萄酒……………15mL
细砂糖……………1/2小匙
蒜香橄榄油……………1大匙
香芹……………适量
盐、胡椒……………适量
番茄酱……………100g

Point

茄子加入后要能立刻用酱汁沾裹住。

所需时间
50分钟

01 将圆茄切为3cm的方块。首先将茄蒂切除后，纵切为宽3cm的片状。

02 将切口朝下再纵向切成3等份。将茄子旋转90°，再切成3cm的块状。

03 将盐充分均匀地撒在茄子表面，放在架有网子的浅盘上。约放置30分钟以去除涩味。

04 稍待，茄子会产生水气。若没有释出水气，请再撒上少许盐并继续放置10分钟左右。若仍没出水，请接着进行步骤05的作业。

05 将茄子放入装满水的盆中，洗去涩味和盐分。

06 用布巾将茄子的水气彻底擦干。Ⓟ如果没有将水分完全擦干，会造成油炸时的热油反弹。

07 以加热至220℃的热油（用量外）炸茄子。待茄子炸至上色时，用捞网将茄子捞出，并将油完全沥干。

08 将炸好的茄子移至放有网架的浅盘中，继续使油分滴出。

09 取出绿橄榄的果核，切成3mm宽的棒状。

10 将棒状橄榄转向90°，再将其切成3mm宽的碎粒。

11 将芹菜表面的硬纤维或较青涩的部分用菜刀刮除。

16 待松子稍稍着色，加入洋葱末和芹菜末，慢慢仔细地拌炒。

21 将步骤08炸好的茄子放入锅中，番茄酱汁与茄子轻轻拌匀。

12 将芹菜纵向切成细片，再重叠切成细丝。

17 待炒出甘甜香味后，加入绿橄榄碎粒和酸豆，拌炒。

22 试试味道，加入少许细砂糖调味。略煮至入味后熄火。

13 将步骤12的细丝旋转90°后，切成细末。

18 倒入红酒醋和白葡萄酒。⑰会有扑鼻的香味，所以不要太过用力吸气。

23 ⑰再稍稍放置可以更加入味。盛盘后再用香芹加以装饰。

14 沿着洋葱的纤维用刀子切划后，再由边缘开始切成碎末。

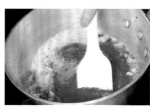

19 待白葡萄酒的酒精成分挥发后，再转成中火加入番茄酱混拌。

Mistake!
茄子软烂变得乱七八糟

　　茄子煮过头时，会造成油分分离，影响到外观及口感。另外，茄子煮软后的过度混拌，也是造成茄子软烂的原因。

15 在锅中加热蒜香橄榄油。当加热至大蒜发出声响时，改成小火并加入松子。

20 加入盐、胡椒，调味。

茄子的切法过于杂乱也会造成不美观，必须多加注意。

意大利料理的诀窍与重点 ❸

西西里岛的料理和特色

可以感受到多国文化气息的伟大岛屿——西西里岛的饮食文化是什么呢？

巴勒摩

西西里岛

这些是主要的特产

1. 酸豆

比西西里岛更偏西南方向的小岛潘泰莱里亚岛产的酸豆，被喻为全意大利最美味的酸豆。

2. 盐

西西里岛西北部特拉帕尼省的盐，遵循2000年来的传统手法制造。含丰富矿物质和美妙风味，受到全球的喜爱。

3. 马沙拉酒

意大利顶级葡萄酒（D.O.C.G.）的指定酒。可以在餐后品尝，也可以当做料理用酒。

其他

以羊乳制作的熟成期较短的西西里佩科里诺奶酪、鲜红果实的红橙等也是特产。

有代表性的料理

圆茄炖菜

以茄子或洋葱等炖煮的料理。再加上酸豆和砂糖的酸甜调味就是西西里风味料理。

金枪鱼卷

墨西拿港市的地方料理，将金枪鱼肉片薄薄地摊开，包裹上其他材料后烘烤而成。

各式甜点

冷霜雪糕、意大利手工冰淇淋、炸奶酪卷等西西里风味甜点由阿拉伯生活圈流传过来。

融合了其他民族的丰富饮食文化

西西里岛在过去的历史中几度遭到古罗马迦太基、诺曼底等民族的征服，所以交错地拥有多样性的文化。即使在意大利国内也算是特殊的地区。特别是由阿拉伯生活圈传来的柑橘类及农作物栽培法，对西西里岛的饮食文化有着相当大的影响。因地中海式温暖气候的影响，所以拥有番茄、柳橙、杏仁果、甘蔗等丰富的蔬果。西西里岛四周由海洋围绕着，渔业兴盛，因此有许多使用了大量海鲜和蔬菜的料理是其最大的特色。

或许是受到了阿拉伯或是非洲的影响，调味上使用较多番茄酱的酸甜风味，非西西里岛莫属。另外，西西里岛也被称作是甜点的发祥地，香炸奶酪卷（P218）、冷霜雪糕（P220）等甜点也都是由此传至意大利本岛的。

Insalata di mare

海鲜沙拉

沙拉酱汁完全烘托出鱼贝类的美味。

海鲜沙拉

材料（2人份）

蛤蜊·····················8 个（80g）
蒜香橄榄油·············1 大匙
白葡萄酒·················60mL
草虾·····················4 只（160g）
扇贝的贝柱（干贝）···2 颗（60g）
水煮章鱼脚···········1/3 根（60g）
生鱿鱼·················1 片（60g）
菜花·················1/6 株（100g）
笋瓜（西葫芦）······1/2 根（75g）

沙拉酱汁

柠檬汁·················30mL
汆烫海鲜的高汤·······20mL
EXV 橄榄油 ···········50mL
盐、胡椒·············适量

Point

生鱿鱼烫煮过久会变硬，必须多加注意。

所需时间
30分钟

01 用竹签取出草虾的泥肠。Ⓟ竹签由虾壳的第二节和第三节间刺入，用拇指按压着慢慢地即可挑抽出来。

02 将蛤蜊浸泡于盐水中使其吐沙。沥干水分后用盐（用量外）揉搓蛤蜊壳，再将其放入装着水的盆中，洗去蛤蜊壳的脏污。

03 将烫煮好的章鱼脚前端切除，切成1口大小的厚度。

04 将干贝分切成4等份。干贝旁的白色部分要将其取下。接下来用火炒时会用到，请不要丢弃。

05 在生鱿鱼片上切划出斜格状，再切成短片状。Ⓟ划出的网格可以帮助入味。

06 在菜花的茎部切划出十字切口，再剥开每一小株。

07 用刮刀刮去笋瓜的外皮，接着继续用刮刀纵向刮削至略略看得到笋瓜的种子为止。

08 将刮好的笋瓜丝放进装有冰水的盆中，冰镇10分钟左右。

09 在锅中放入蒜香橄榄油加热，至散发出大蒜香气时加入草虾和蛤蜊拌炒。

10 将步骤04中取下的干贝旁的白色部分也放入锅中拌炒。Ⓟ因为干贝旁的白色部分会产生高汤的汤汁，所以一起放入。

11　炒至虾壳全部呈现红色并散发出香气时，加入白葡萄酒。

16　将汤汁移至盆中，下面用装着冰水的盆加以冷却。

21　将笋瓜丝从冰水中取出沥干，放进步骤20的盆中，轻轻地与沙拉酱汁拌匀。

12　加入白葡萄酒后，立刻盖上锅盖。

17　在锅中装水使其沸腾，加入粗盐（用量外），放入菜花氽烫约3分钟。烫煮完成后放至网筛上，放凉备用。

22　在盘中铺上笋瓜丝，把鱼贝类和菜花铺放在上面，最后再将盆中剩下的沙拉酱汁均匀地浇淋上去。

13　当虾尾卷曲起来，蛤蜊壳已经打开时，将材料取出放在浅盘上。

18　剥除虾壳。ⓟ将虾尾的壳拉扯般地向上拉动，就可以很顺利地剥下虾壳。

14　将步骤12的汤汁倒在铺有厨房纸巾的过滤器上过滤。将过滤好的汤汁倒回锅中加热，将步骤04和步骤05的材料放入锅中加热。

19　在步骤16的汤汁中加入盐、胡椒、柠檬汁用打蛋器搅拌。当搅拌至材料呈线状滴垂时，以少量逐次的方式加入EXV橄榄油。

Mistake!

笋瓜薄切片的形状不佳

　　刮削笋瓜时，应该在开始可以看到笋瓜种子时就要停止刮削了。这样就可以确保笋瓜片的美观。均匀地使用刮刀的力道，就可以调整刮削的厚度。

如果刮削至种子部分，那么种子被刮下时会造成条状的破碎，影响美观。

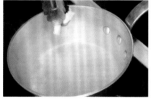

15　将干贝和生鱿鱼片取出放在步骤13的浅盘中。用大火将汤汁烧至剩下20mL。

20　把鱼贝类和菜花一起加入步骤19的盆中拌匀。

意大利料理的诀窍与重点 ❹
米醋之王——巴萨米克醋!

醇厚而美味的褐色巴萨米克醋的秘密，就在于精细而慎重的酿造方法

传统的巴萨米克醋
Aceto Balsamico Trdizionale

原料、年份、酒精度数、糖分等都必须经过严格的审查。只有摩德纳和雷焦艾米利亚所产的巴萨米克醋才会得到最高级别（D.O.P.）的认可。

↓（左）Santeramo Balsamic Vinegar（205cm）、（右）Adriano Grosoli Aceto Balsamico（500mL）

Q 巴萨米克醋和葡萄酒醋有何不同？

A 原料不同，风味也完全不同。

以葡萄为原料，使其醋酸发酵而成的就是巴萨米克醋。而以葡萄酒进行醋酸发酵的则是葡萄酒醋。葡萄酒醋又分为红葡萄酒醋和白葡萄酒醋。

←传统（Tradizio-nale）金牌25年陈年醋（100mL）

巴萨米克醋
Aceto Balsamico

一直存放于桶樽中直至熟成，不需要再换桶樽的产品。因为酸味很强，美味和甜味较低，所以添加了焦糖色素等，使其可在短时间内完成生产。

以酿造的年数来区分巴萨米克醋

2～5年 酿造年数较少者，熬煮成原来的一半使其变得浓厚，就可以煮出令人回味的料理了。适合作为肉类料理的酱汁。

6～10年 可直接用于沙拉淋酱或酱汁等，日常生活中可作为巴萨米可餐桌的醋用，搭配各式各样的料理。

12年以上 仅30mL的产品，价格就很昂贵。可以淋几滴在香草冰淇淋或水果上，直接食用。

与葡萄酒一样重视酿造工艺的褐色调味料巴萨米克醋

巴萨米克醋在意大利文中称为Aceto Balsamico。完全不使用添加剂的是Aceto Balsamico Trdizienale，即使是酿造时间最短的也要12年以上。巴萨米克醋的原料是称为特雷比亚诺（Trebbiano）的白葡萄，将榨出的葡萄汁以布巾过滤，熬煮后移至桶樽中，加入葡萄酒醋使其产生醋酸发酵。传统的巴萨米克醋，在1～2年酿成后，会依其种类不同而每年更换桶樽，重复很多次之后才能完成制作。

44

3种意式面包片

根据地区的不同而相应改变的开胃点心。

番茄奶酪沙拉面包

鸡肝酱面包

醋渍甜椒面包

鸡肝酱面包

材料（2人份）

鸡肝	150g
洋葱	1/3 个（60g）
月桂叶	1 片
鳀鱼（片状）	1 片（5g）
白葡萄酒	30mL
蜂蜜	1 小匙
鸡高汤（参考 P19）	60mL
法式硬面包片	8 片
蒜香橄榄油	1 大匙
黄油	10g
核桃	2 瓣
百里香	1 枝
盐、胡椒	适量

Point

鸡肝清洗干净后要充分将水分沥干。

所需时间
40分钟

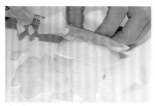

01 将洋葱切成1cm方块。

02 将鳀鱼切成1cm宽的大小。

03 将鸡肝的多余脂肪、血管、变色的部分切除，沿着纤维切成2～3cm的大小。

04 将鸡肝放进装有冰水的盆中。切口会浮出血管，将血管按压出来并去除掉。

05 铺上布巾或毛巾，将鸡肝从冰水中取出，并将表面的水分充分擦干。

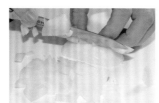

06 将鸡肝移至浅盘中，撒上盐、胡椒，轻抓使其附着于表面。

07 用中火加热平底锅中的黄油和蒜香橄榄油，之后炒热洋葱和鳀鱼。将洋葱拨至锅边，再用大火拌炒鸡肝。

08 炒至鸡肝出现焦色时，加入白葡萄酒，并待酒精挥发。接着将鸡高汤、蜂蜜、月桂叶加入其中，将全体混拌至均匀。

09 待炒至水分完全消失后，取出月桂叶。利用食物粉碎机将食材搅打成泥状。中途加入盐、胡椒调味。

10 将步骤09移至盆中，用装有冰水的盆来冷却材料。将食材放置在涂了蒜香橄榄油的烤香了的法式硬面包上，再装饰上核桃和百里香。

醋渍甜椒面包

材料（2人份）
甜椒（黄）、甜椒（红）
……………………各1个（150g）
香芹………………1根
EXV 橄榄油 …………1大匙
白酒醋………………1/2大匙
糖醋渍藠头（辣韭）…1个
＊编注：可用糖蒜替代
法式硬面包…………8片
蒜香橄榄油…………1大匙
盐、胡椒……………适量

Point

甜椒烤过后会产生甜味。

所需时间
40分钟

01 在预热的烤鱼架上放置甜椒，烘烤至表面全部变黑为止。

02 将甜椒放入装满冷水的盆中，急速冷却。

03 稍稍放凉后，快速地剥除甜椒的表皮。

04 用菜刀刮除甜椒的椒蒂和内部的籽。将藠头和香芹切碎备用。

05 将甜椒切成细丝。在盆中放入甜椒丝、藠头、香芹和白酒醋。

06 在步骤05的盆中加入EXV橄榄油，以盐、胡椒调味。将食材放置在涂抹了蒜香橄榄油的法式硬面包上。

番茄奶酪沙拉面包

材料（2人份）
小番茄………………4个（50g）
马苏里拉奶酪………1/2个（50g）
罗勒叶………………2片
法式硬面包…………8片
EXV 橄榄油 …………1小匙
蒜香橄榄油…………1大匙
盐、胡椒……………适量

作法

❶将小番茄切成约5mm宽的片状。马苏里拉奶酪切为约5mm宽的厚度，1片奶酪分切成4片，再用厨房纸巾吸干水分。罗勒叶切碎备用。
❷在法式硬面包上涂抹蒜香橄榄油后烘烤。
❸在面包上交互排放上小番茄和马苏里拉奶酪。
❹并在其上撒上罗勒叶，淋上EXV橄榄油，撒上盐、胡椒。

在铺有厨房纸巾的浅盘上，并排摆上小番茄和马苏里拉奶酪。

涂抹蒜香橄榄油是为了防止法式硬面包变软。

聚餐时不可或缺的重要角色!丰富多样的意式小点心

变换摆放的食材就可以增添花样，从而获得更多的乐趣，是非常简易的开胃点心。

里科塔奶酪和半干燥无花果的小点心

材料（8片份）

里科塔奶酪	50g
半干燥无花果	1 个
生火腿	1 片（8g）
EXV 橄榄油、莳萝	各适量
黑胡椒	少许
法式硬面包	8 片

制作方法

❶将半干燥无花果切成薄片。❷在法式硬面包上摆放生火腿、里科塔奶酪、无花果，滴上 EXV 橄榄油，最后撒上黑胡椒、莳萝加以装饰。

黑橄榄小面包

材料（8片份）

蒜香橄榄油	2 大匙
鳀鱼（片状）	2 片（10g）
洋葱	1/7 个（30g）
黑橄榄（去核）	60g
酸豆（醋渍）	15g
白葡萄酒	20mL
EXV 橄榄油	50mL
盐、黑胡椒、香芹、红胡椒	各适量
法式硬面包	8 片

制作方法

❶将鳀鱼、洋葱、黑橄榄切碎备用。❷加热放入锅中的蒜香橄榄油至散发出香气时，加入洋葱炒出甜味。❸将步骤①的其他材料和酸豆一起加入，轻轻拌炒，加入白葡萄酒至酒精挥发。❹加入 EXV 橄榄油，以盐、胡椒调味。摆放在法式硬面包上，以红胡椒和香芹加以装饰。

迷迭香烤鸡肉小点心

材料（8片份）

鸡腿肉	100g（1/2 片）
蒜香橄榄油	1 大匙
橄榄油	1/2 大匙
迷迭香	1/4 枝
烘烤过的核桃	（切成粗粒）4 个
柠檬汁、EXV 橄榄油	各少许
盐、胡椒、迷迭香	各适量
法式硬面包	8 片

制作方法

❶将鸡腿肉沾裹上盐、胡椒、蒜香橄榄油、迷迭香。❷加热平底锅中的橄榄油，煎至鸡皮部分稍稍上色，再在预热至180℃的烤箱烘烤 10 分钟。❸将鸡肉撕开，与柠檬汁、EXV 橄榄油、核桃、盐、胡椒混拌，再摆放于法式硬面包上，用迷迭香加以装饰。

注意不要使法式硬面包变得又湿又软

在烤得香酥的法式硬面包上摆放食材，是可以用于宴会的小点心。在意大利是非常受欢迎的开胃点心，有各式各样的组合。如果都能学会，就可以灵活地运用在各种场合。简单的做法是在法式硬面包上涂上蒜香橄榄油，摆放上不带水分、依个人喜好选择的奶酪和生火腿类的食材即可。

制作小点心使用的面包，一般是硬且不使用过多奶油或糖等添加材料，简单型的法式硬面包或天然酵母乡村面包等。在摆放食材前，必须要先涂抹上蒜香橄榄油或黄油等油脂后烘烤，以防止面包吸收食材的水分。另外，在食用前再摆放食材，口感更香脆。

牵丝饭团

这道开胃前菜口感很好，在意大利南部广受欢迎。

牵丝饭团

材料（约12个的分量）

米粒……………………1/2 杯（75g）
鸡高汤…………………400mL
帕马森干酪、黄油……各 10g
马苏里拉奶酪…………40g
肉酱酱汁（参考 P130）
…………………………150g
番茄酱汁（参考 P96）
…………………………150g
蒜香橄榄油……………1 大匙
香芹……………………2 根
百里香…………………1 枝
盐、胡椒………………适量

面糊的材料

面粉、蛋汁……………各 1/2 杯
面包粉…………………2 杯

Point

炖饭的硬度是重点。

所需时间 60分钟

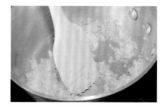

01 加热锅中的蒜香橄榄油，待香味散发出来后放入米粒炒拌至呈透明状。ⓟ米直接使用不要洗。

02 在步骤01锅中加入热的鸡高汤，至完全淹没米粒，炖煮18分钟。ⓟ当水分不够时，再加入鸡高汤，使其处于保持水分盖住米粒的状态。

03 牵丝饭团使用的米饭，必须是中间留有硬芯的硬度。

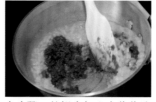

04 在步骤03的锅中加入肉酱酱汁混拌。

05 接着加入盐、胡椒拌匀。

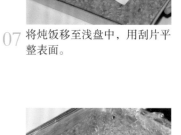

06 熄火，加入帕马森干酪和黄油。ⓟ边摇动锅边使其产生浓稠感，使米饭能方便捏握。

07 将炖饭移至浅盘中，用刮片平整表面。

08 在炖饭的表面紧密地贴合上保鲜膜。放在装有冰水的盆中冷却。ⓟ上面叠放上装满冰水的浅盘，可以更快速地使其冷却。

09 面包粉用网筛过筛成细粒。ⓜ将马苏里拉奶酪切成5mm的方块。

10 在盆中放入打散的鸡蛋、盐、胡椒、水（用量外）、色拉油（用量外）。ⓟ加入水和色拉油可以让面更容易沾裹。

11 将步骤10用过滤器过滤成轻易可以流动的状态。⑩将面粉、步骤10的蛋液、面包粉分别放入浅盘中。

12 取下炖饭上的保鲜膜，将炖饭分为12等份，利用刮刀划出每一等份。

13 在手掌上薄薄地涂抹上色拉油（用量外）。⑩炖饭涂油后不会粘黏在手掌上，还可以方便将其搓揉成圆形。

14 最初的一等份很难拿取，因此可以利用刮板一次取下两份，而将其中一份放在掌心。

15 放在掌心的那份炖饭的中央，摆上切成5mm块状的马苏里拉奶酪。

16 将马苏里拉奶酪包裹在中央，炖饭搓揉成圆形。⑫要使马苏里拉奶酪能够包裹在圆形的中央。

17 将圆形的炖饭放入装有面粉的浅盘中转动，使其表面可以沾裹上薄薄的面粉。⑩如果没有薄薄地沾裹面粉，会不易沾裹蛋液。

18 依序沾裹上蛋液、面包粉。最后再一排地放置于浅盘上，至12个牵丝饭团都沾裹上面衣。⑩预热炸油。

19 在放入油锅油炸前，再次用手掌将其调整成圆形，并确认牵丝饭团全部都沾裹上面包粉后，才开始油炸。

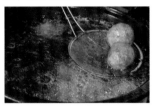

20 当油（用量外）加温至180℃时，放入牵丝饭团。⑫利用捞网一边掬起转动一边继续油炸，炸至全部呈现均匀的油炸色。

21 待表面呈现金黄色时，中心也炸热之后捞起，将牵丝饭团移至放有网架的浅盘上沥干油。

22 在盘子的中央将番茄酱汁涂成圆形，并将牵丝饭团围着圆圈排列成圆形。中央再放上香芹、迷迭香和百里香。

Mistake!

牵丝饭团的馅流出来了

炖饭的硬度是重点。太过柔软时会很难保持圆形，过硬时又会容易裂开，口感也不好。另外，面粉沾裹太厚时，接下来的蛋液、面包粉也很难沾裹上，这就是油炸时会破裂、内馅流出的原因。

用沾裹了蛋液的手触摸粉类时，指尖就会沾上面粉。

马苏里拉奶酪没有包裹在中央时，就会从旁边流出来。

牵丝饭团的变化充满着乐趣

请大家好好地享受美味可口的牵丝饭团的魅力吧

菠菜和培根的牵丝饭团

墨鱼牵丝饭团

材料

米粒	1 杯（150g）
菠菜（切 1cm 宽）	1/5 把（40g）
培根（切 3mm 块状）	20g
高汤	3 杯
马苏里拉奶酪（切 5mm 块状）	1/2 个（50g）
帕马森干酪（磨成粉状）	10g
面包粉	2 杯
面粉、蛋液	各 1/2 杯
橄榄油	1 大匙
黄油	10g
盐、胡椒	适量

制作方法

❶在锅中放入橄榄油加热，炒香培根。❷加入米粒拌炒，倒入高汤，煮至米粒的硬芯消失为止，同时不断地添加高汤，约炖煮 18 分钟。❸加入菠菜、帕马森干酪、黄油、盐、胡椒后混拌。❹将步骤❸移至浅盘中，冷却，分为10 等份，将马苏里拉奶酪包在中央揉搓成圆形，依序沾裹上面粉、蛋汁、面包粉，放入 180℃的油锅中油炸。

材料

米粒	1 杯（150g）
墨鱼墨汁	2g
墨鱼（切 5mm 块状）	50g
番茄酱汁	1/4 杯
马苏里拉奶酪（切 5mm 块状）	40g
白葡萄酒	2 大匙
高汤	3 杯
荷兰芹碎末	1 小匙
面包粉	2 杯
面粉、蛋液	各 1/2 杯
橄榄油	1 大匙
盐、胡椒	适量

制作方法

❶加热锅中的橄榄油，拌炒米粒。待米变热后加入墨鱼拌炒并倒入白葡萄酒。❷在步骤❶的锅内加入墨鱼墨汁、番茄酱汁，并将高汤倒至盖满米粒。中途再边加入高汤边炖煮约 18 分钟。❸在步骤❷当中加入盐、胡椒、荷兰芹，之后摊平在浅盘中冷却。❹将步骤❸分为 10 等份，将马苏里拉奶酪包在中央揉搓成圆形，依序沾裹上面粉、蛋汁、面包粉，放入 180℃的油锅中油炸。

有着电话听筒含意的独创性牵丝饭团

　　牵丝饭团发源于罗马等意大利中部城市，在米饭中包裹其他材料制成。牵丝饭团，在意大利文中被称为 "SUP- Pli al teIefono"，直译就是 "惊奇的电话"。为什么会取这样的名字呢？其实是因为牵丝饭团一切为二时，包裹在中间的马苏里拉奶酪会像线一样地拉长，仿佛是电话听筒的形状。另外，它还有另一个名称是 "arancino"，是 "小小的柳橙" 的意思。可见，牵丝饭团的迷你造型真是名副其实呀。

　　油炸成金黄色的牵丝饭团，让米饭的味道发生了改变，让您享受到完全不同风味的乐趣。除了上面所介绍的种类外，也可以加入自己的创意，请试着自己做出独具特色的牵丝饭团吧！

Ragù di polpo

酱烧章鱼

让章鱼脚吃起来更加软嫩。

酱烧章鱼

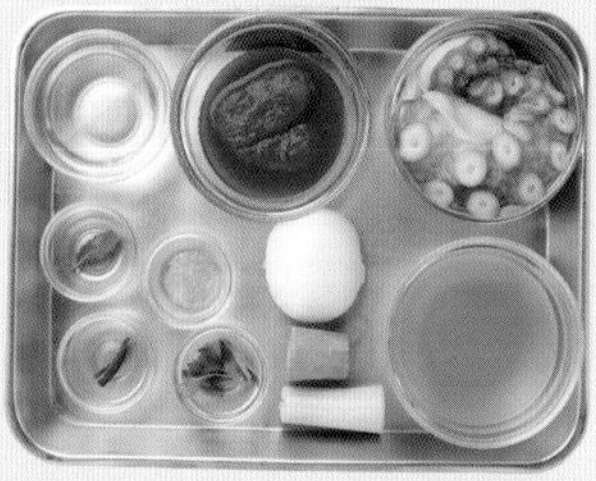

材料（2人份）

生章鱼脚………………1只（300g）
红辣椒…………………1/2根
蒜香橄榄油……………2大匙
白葡萄酒………………80g
水煮番茄………………100g
鸡高汤…………………150mL
月桂叶…………………1片
香芹、盐、胡椒………各适量

油炒蔬菜酱的材料

洋葱……………………1/2个（100g）
胡萝卜…………………1/5根（30g）
芹菜……………………1/5根（20g）

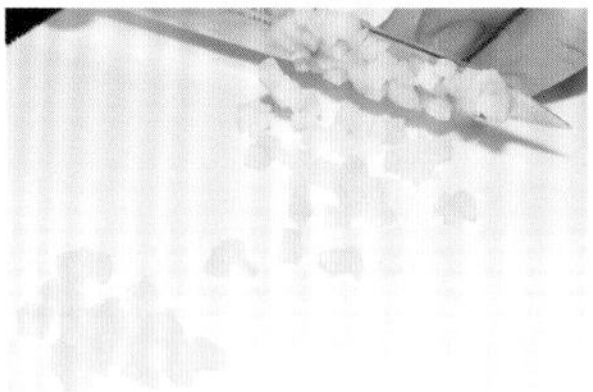

01 除去芹菜表面的硬茎，切成碎末。

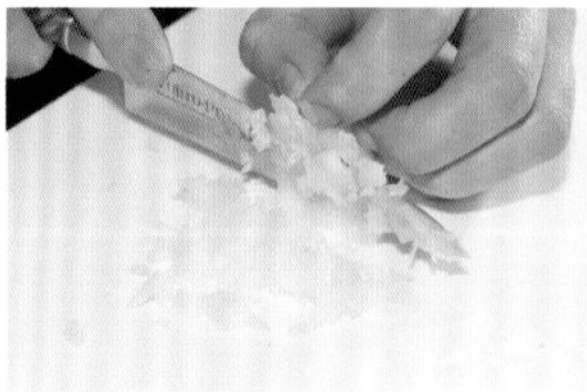

02 洋葱也切成碎末。

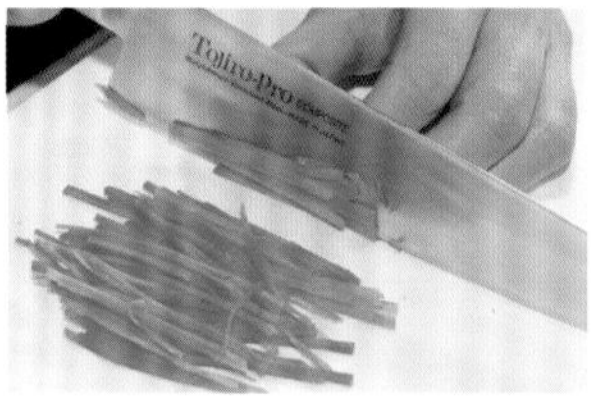

03 将红萝卜切为1～2mm宽的细丝，然后再转动90°，将其切成碎末。

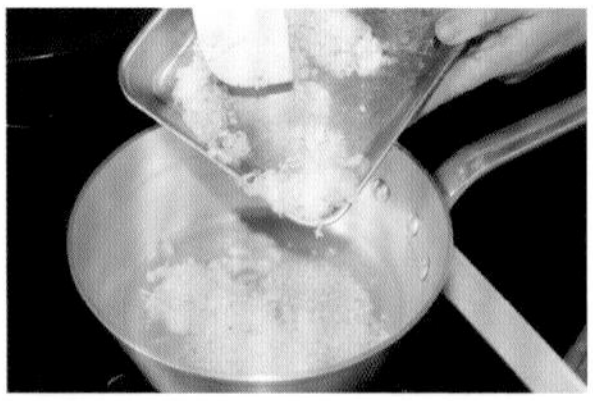

04 在锅中加热蒜香橄榄油，待蒜香味出来后，再加入切碎的洋葱拌炒。

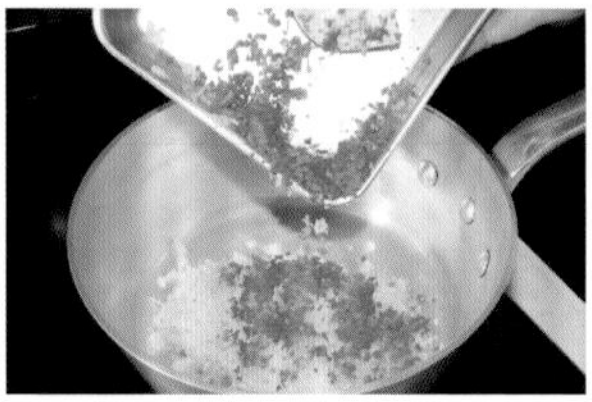

05 在步骤04的锅中加入胡萝卜碎末和芹菜末拌炒。

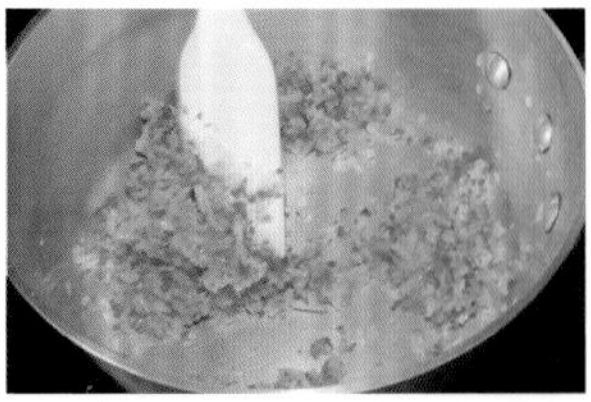

06 待全体拌炒成浅褐色，释出甜味为止。Ⓟ使用之前做好备用的油炒蔬菜酱会很便捷。

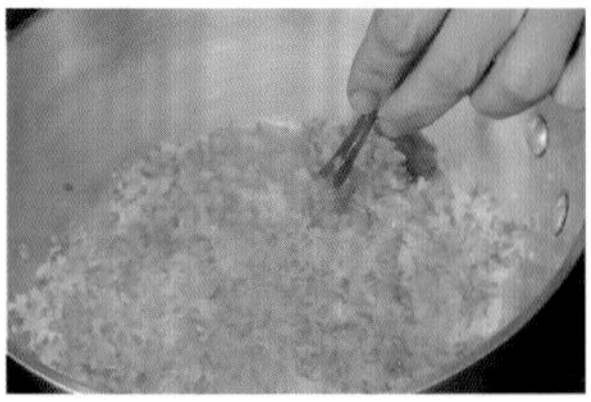

07 将去除了蒂和籽的红辣椒放入锅中。

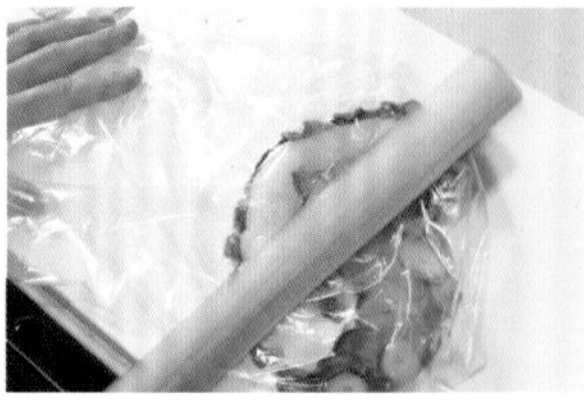

08 把生章鱼脚放入塑胶袋中，摆放在砧板上用擀面棒轻敲。Ⓟ敲打至弹性消失为止，这样就可以煮出柔软的成品。

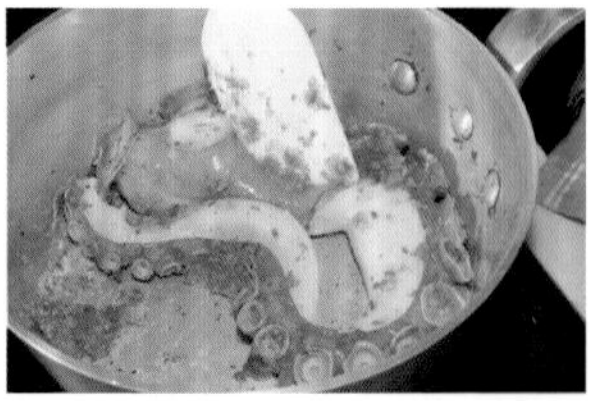

09 将章鱼脚直接放入步骤07的锅中。Ⓟ如果切过再煮，煮好后会缩小变形影响外观。

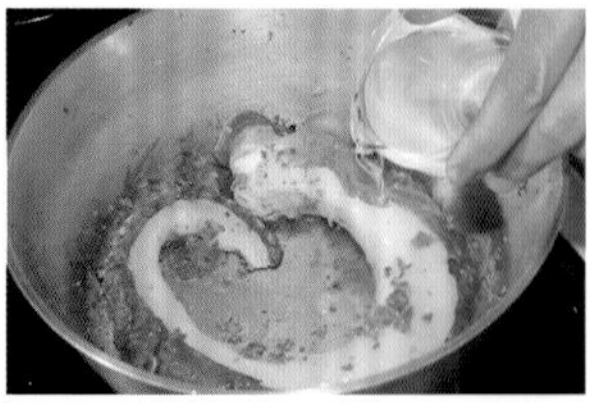

10 加入白葡萄酒，煮至酒精挥发掉。

Point

生章鱼烫煮过久会变硬，必须多加注意。

所需时间 210分钟

11 加入水煮番茄。

16 用汤匙捞除章鱼产生的浮渣。

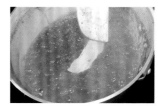

21 将汤汁煮滚收干。ℙ如果连章鱼一起熬煮，会让章鱼变得过于软烂。

12 倒入鸡高汤。

17 向着清澈的方向吹气，就可以轻松地用汤匙清除掉浮渣。

22 将切好的章鱼放入锅中。盛盘，最后撒上香芹。

13 将月桂叶片剪出切痕后，放入锅中。ℙ剪出或折出切痕是为了散发出更多的香气。

18 用竹签刺入章鱼脚中，确认熬煮的程度。当竹签可以轻易地刺透，就是煮好了。

14 以盐、胡椒调味。ℙ如果盐加得太多，煮好后就会太咸。

19 用煎勺等将章鱼小心地从锅中取出，放在砧板上，切成一口大小。

15 盖上锅盖，小火熬煮2小时。如果使用压力锅，熬煮时间大约为20分钟。

20 从汤汁中取出月桂叶和红辣椒。

Mistake!

章鱼太硬不好吃

是否有将章鱼放入塑胶袋中仔细地敲打呢？一旦章鱼的吸盘吸附在塑胶袋上，就表示打好了。虽然有点辛苦，但请耐心地敲打吧。

就算是脚仍在蠕动的鲜活章鱼，敲打一样可以使其变柔软。

意大利料理的名称透露出来的信息

意大利料理的历史文化都隐含在料理的名称当中!

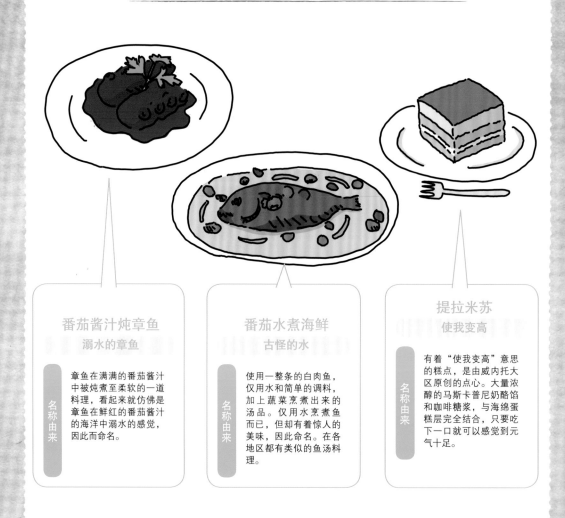

番茄酱汁炖章鱼
溺水的章鱼

名称由来

章鱼在满满的番茄酱汁中被炖煮至柔软的一道料理，看起来就仿佛是章鱼在鲜红的番茄酱汁的海洋中溺水的感觉，因此而命名。

番茄水煮海鲜
古怪的水

名称由来

使用一整条的白肉鱼，仅用水和简单的调料，加上蔬菜煮出来的汤品。仅用水烹煮鱼而已，但却有着惊人的美味，因此命名。在各地区都有类似的鱼汤料理。

提拉米苏
使我变高

名称由来

有着"使我变高"意思的糕点，是由威内托大区原创的点心。大量浓醇的马斯卡普尼奶酪馅和咖啡糖浆，与海绵蛋糕层完全结合，只要吃下一口就可以感觉到元气十足。

即便是没听说过的料理，只要了解了名字的涵意也会觉得身临其境吧!

意大利料理无论用何种食材如何烹调，几乎只要听到名字就可以明了。例如，海鲜沙拉在意大利文当中写成"Insalata di mare"，lnsalata指的是沙拉，而mare就是鱼贝类的意思，所以直译就是海鲜沙拉。还有"~风"等特别记载出产地时，就会有"AIla·（产地）"的标示。

其他的，像名称为"英风汤品"的意式蛋奶盅（P216），也是很独特的命名。为什么会有这样的名称？虽然搞不太明白，但完全渗入海绵蛋糕而且仿佛滴垂下来的糖浆，或许确实像汤品吧。

这只是其中的一个例子，还有很多餐厅会根据各自的趣味和幽默来为料理命名，这在意大利很常见。

杂谷米沙拉

在米饭沙拉中加入五谷和豆类。

杂谷米沙拉

材料（2人份）

白米…………………1/5 杯（30g）	
十五谷米………………1/5 杯（30g）	
水煮什锦豆…………80g	
芹菜………………1/2 根（30g）	
甜椒（红）……………1/5 个（30g）	
小黄瓜………………1/3 根（30g）	
EXV 橄榄油 ………2 大匙	
柠檬汁………………2 大匙	
玉兰花………………4 ~ 5 片	
番茄（小）……………1 个	
意大利芝麻菜…………1 ~ 2 株	
盐、胡椒……………适量	

Point

米类煮过头时会产生黏性，所以要多加注意。

所需时间 40 分钟

01 除去芹菜硬丝，切成5mm的方块。

02 切去红甜椒的子和白色部分。

03 将红甜椒切成5mm的方块。

04 小黄瓜纵切成5mm厚的板状。将板状推平后切成5mm的棒状。

05 将步骤04的小黄瓜转90° 方向后，切成5mm的方丁。

06 ⑫芹菜、红甜椒、小黄瓜切成大小一致的方丁。

07 在锅中放入大量水煮沸，十五谷米不需清洗直接倒入。⑫不需要将火调小，如果没有保持在沸腾状态，十五谷米会粘在锅底。

08 在步骤07的锅中加入白米，约煮18分钟。当水量减少时，再加入热水补足。

09 在烹煮时，要不断地用刮勺搅动。⑫可以试着品尝，当米粒中央的硬芯消失时就是煮好了。

10 煮好之后，用网筛捞出，摊放开，可以用扇子扇凉。

11　用厨房纸巾将米粒上的水分吸干。

16 🅟 在用刮勺混拌时，不可过于用力，注意不要捣碎米粒和豆的形状，由底部翻拌。

21　轻缓地将环形模向上拿起，完成。

12　将十五谷米和白米一起放至盆中，将步骤06的蔬菜全部加入。

17　用菜刀将玉兰花的底部和变色的叶片切除。将番茄去籽切成5mm厚的圈状。

13　把柠檬汁、EXV橄榄油倒入步骤12的盆中。

18　将切成圈状的番茄片铺在盘子上，撒上少许盐，再摆放上玉兰花。

Mistake!

米饭沙拉变得黏糊糊的

　　在煮大米或意大利面时，如果没有使用大量的热水煮，那么会从中释放出黏性。另外，煮好后若没有把水分完全沥干，当与沙拉酱汁混拌时也会变得黏糊糊的。

烫煮的水分不足时，会溶出米粒中的淀粉，不管煮多久都无法煮透。

14　接着加入盐、胡椒，用刮勺充分拌匀。

19　用汤匙将步骤16完成的米饭沙拉装入玉兰花叶片上。再放上意大利芝麻菜就完成了。

用厨房纸巾吸干水分时，如果过度用力按压会把饭粒压烂。

15　在步骤14的盆中加入水煮什锦豆。

20　盛盘的变化。把环形模放在切成圆片状的番茄片上，将米饭沙拉放入模型中。在番茄的周围用水芹菜加以装饰。

意大利料理最重要的炊具

了解料理的烹调技巧后，接着就要着眼于工具了

蔬菜过滤器
只要转动把手，就可以比使用网筛更有效率地过滤番茄等食材。

马铃薯捣碎器
做马铃薯沙拉或马铃薯泥时使用，是捣碎马铃薯的器具。

奶酪四面刨丝器
平常的刨丝器就可以用了，但是有专用的会更方便。有四方形的，也有刀片状的。

铝制平底锅
热传导性能好又轻，是便于拌炒的万用锅。

奶酪酥筒
用来卷成奶油甜馅剪饼卷，可以卷着直接用来油炸的器具。如果没有，也可以用木制的筒棒代替。

乐在其中的意大利烹饪

　　在烹调意大利料理时，基本上不需要什么特别的炊具。平底锅、烫煮用的圆筒深锅、浅锅、夹子、刮勺、汤匙、盆、捣碎用的网筛（锥形过滤器）等器具，几乎可以用在所有的料理中。接着，就是挑选平底锅或锅的材质了。

　　在意大利称之为"Padella"的铝制平底锅最常被使用。调制酱汁、混拌意大利面等，不可或缺。

　　另外，为了方便意大利面的调理，在煮意大利面时，可以选用只要拉起内锅就可以将面与水分开的双层意大利面锅。这样不需要特地将网筛置于水槽中，也不用将煮面的汤汁都倒掉，对于必须快速烹调的意大利料理而言，真是一件值得拥有的炊具。

蔬菜烘煎蛋

放凉了吃也很美味的意大利家庭料理。

蔬菜烘煎蛋

材料（一个直径24cm的平底锅的分量）

鸡蛋	6个（360g）
洋葱	1/2个（100g）
南瓜	1/12个（100g）
笋瓜	1/3根（50g）
鹰嘴豆	15g
茄子	1/3根（30g）
芹菜	1/3根（30g）
干贝	1个（30g）
大明虾	1只（30g）
蒜香橄榄油	2大匙
黄油	10g
橄榄油	2大匙
莳萝	1根
盐、胡椒	适量

酱汁的材料

蒜香橄榄油	1大匙
甜椒（红）	1个（150g）
洋葱	1/2个（100g）
鸡高汤	200mL
盐、胡椒	适量

Point

用烤箱烘烤，可以烤得十分松软。

所需时间
70分钟

01 ㊟鹰嘴豆用水浸泡一晚。连同浸泡的汤汁入锅，约煮40分钟。若使用罐头制品，可省去此步骤。

02 煮好之后，用网筛捞起沥干水分。

03 将南瓜切成1cm的方块。㋇南瓜很硬，所以使用菜刀的刀刃切会比较容易。

04 放入耐热容器中，包上保鲜膜放入600W的微波炉中加热约5分钟。

05 取出明虾的泥肠，剥去虾壳连同尾端一起抽出虾肉。将虾切成1cm的块状。

06 将干贝旁边的白色部分除去后，切成1cm的方块。

07 笋瓜、茄子、芹菜、洋葱也同样切成1cm的方块。

08 酱汁的材料，红甜椒和洋葱也都切成1cm的方块。

09 在平底锅中放入一半的蒜香橄榄油加热，烘煎蛋材料中的洋葱和芹菜放入锅中，加入适量的盐拌炒。

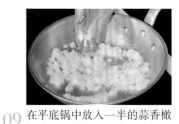

10 将茄子和笋瓜放入步骤09的平底锅中拌炒。㋇接着放进明虾和干贝继续拌炒。

11 将鸡蛋打入盆中，加入盐、胡椒后，用叉子搅打。

16 为了不使边缘过于凝固，所以边用刮勺搅拌至食材呈半熟状态。盖上锅盖后以小火焖煮2～3分钟。

21 在步骤20中加入红甜椒拌炒。待炒出蔬菜的香味时，加入高汤、盐、胡椒。以中火约煮15分钟。

12 把步骤04的南瓜放进步骤11装有蛋液的盆中。

17 直接以炉火烹调时。翻面，再度盖上锅盖焖煮2～3分钟。

22 稍稍放凉后，将步骤21中的材料放入搅拌器中搅打。

13 在步骤12的盆中，放入鹰嘴豆。

18 以烤箱烹调时。在步骤16之后，不加盖放入预热至170℃的烤箱，约烘烤10分钟。

23 搅打至如照片所示鲜艳的橘色为止。将步骤18的烘煎蛋切开，淋上酱汁，用莳萝加以装饰。

14 把步骤10平底锅中的材料加入步骤13的盆中，用刮勺拌匀。用盐、胡椒加以调味。

19 制作酱汁。在锅中倒入剩下的蒜香橄榄油加热至香气散发出来。

Mistake!

打蛋时把蛋壳也一起打进去

利用盆的边缘或是桌角等来敲破蛋壳时，容易让蛋壳掉进蛋汁里。不是用桌角而是在桌面上轻敲至有裂痕时，再利用裂痕打开鸡蛋，这样就不会掉入蛋壳了。

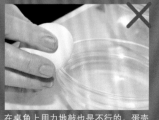

在桌角上用力地敲也是不行的。蛋壳上的细粉也会掉进去。

15 加热平底锅中的橄榄油和奶油，将步骤14的蛋液倒入锅中。

20 将步骤08的洋葱和盐放入步骤19的锅中，仔细拌炒。

用简单的酱汁轻松地做出意大利料理!

只要做好备用,就可以随时享用意大利风味

番茄鳀鱼酱	蔬菜酱	白酱

番茄鳀鱼酱

材料

蒜香橄榄油…………1 大匙
红辣椒…………1/2 根
鳀鱼…………1 片(5g)
黑橄榄(带核)…………20g
酸豆(醋渍)…………10g
白葡萄酒…………15mL
水煮番茄…………150g
高汤…………100mL
盐、胡椒…………适量

制作方法

❶以小火加热放有蒜香橄榄油和红辣椒的锅,至散发出香味后加入鳀鱼、黑橄榄、酸豆加以拌炒。❷加入白葡萄酒,待酒精挥发后,加入水煮番茄、高汤、盐,熬煮 10 分钟。

> **可以灵活运用这道料理**
> 作为意大利面的酱汁可说是万能酱汁。也可以再放入自己喜欢的材料加以调味。也可以作为烤鱼类料理的酱汁。

蔬菜酱

材料

蒜香橄榄油…………1 大匙
洋葱…………1/4 个(50g)
甜椒(红、黄)…………各 1/4 个(40g)
茄子…………1/2 根(35g)
笋瓜…………1/4 根(37g)
白葡萄酒…………20mL
高汤…………100mL
玉米淀粉、盐、胡椒…适量

制作方法

❶将蔬菜全部切成 2cm 的方块。❷以小火加热放入蒜香橄榄油的锅至散发出香气,拌炒蔬菜。❸加入白葡萄酒,待酒精挥发后,倒入高汤、盐、胡椒等稍稍熬煮。❹将玉米淀粉以水溶化后加入步骤❸的锅中,以增加浓度。

> **可以灵活运用这道料理**
> 可作为意大利面、肉类或鱼类等主菜的酱汁,直接作为下酒的小菜也很可口。

白酱

材料

面粉…………40g
黄油…………40g
牛奶…………2 杯
盐、胡椒、肉豆蔻(粉末)
…………各适量

制作方法

❶在锅中放入黄油将其溶化,小心地加入筛过的面粉后,以小火拌炒至感觉不到粉类为止。❷熄火,加入冰牛奶后充分搅拌。❸以中火并用打蛋器均匀地混拌,使材料不要结成硬块。❹加入盐、胡椒、肉豆蔻加以调味。

> **可以灵活运用这道料理**
> 用于意式宽面条或是焗烤类料理等。使用黄油和面粉拌炒而成,放入容器中保存,只要加入牛奶就可以随时使用。

灵活运用于意大利面或炖煮料理中的酱汁

最具代表性的意大利酱汁,一定非番茄酱汁莫属。除了可以用于意大利面,也可以用在炖煮料理、肉类及鱼类料理等。由于用途广泛,所以建议大家务必事先做好备用。

同样,白酱在意大利文当中被称为是 "Salsa besciamela",是意式宽面条或是焗烤类料理所不可或缺的配料。预先制作白酱备用时,只要将低筋面粉和黄油拌炒即可,使用时再以温热的牛奶溶化,就会成为简单又美味的白酱。

酱汁类入冷藏柜保存时,要放入密闭容器再冰存;冷冻保存时,要放入密封式的塑胶袋内保存。

其他的肉酱酱汁或是罗勒酱、香蒜鳀鱼热蘸酱等,都能制作好了备用,真的很方便。

Parmigiana di melanzane

意式奶酪焗茄饼

番茄、奶酪加茄子的三重奏。

意式奶酪焗茄饼

材料（2人份）

圆茄	1 条（250g）
洋葱	1/2 个（100g）
意式培根	50g
番茄酱汁	100g
马苏里拉奶酪	1 个（100g）
帕马森干酪（磨成粉状）	20g
鸡蛋	2 个（120g）
蒜香橄榄油	1/2 大匙
橄榄油	1 大匙
牛至（新鲜）	1 枝
盐、胡椒、牛至（干燥）	各适量

Point

要彻底除去茄子的涩味。

所需时间
50分钟

01 将圆茄去蒂后，纵向切成8mm厚。

02 在茄子上撒上盐，使其全部都能沾裹到盐分。

03 将茄子排在浅盘里放到倾斜的网架上，使涩味流出。

04 待茄子的涩味排出后，将茄子放进装满水的盆中清洗，接着用布巾擦干茄子的水分。

05 将意式培根和洋葱切成薄片。
ⓟ意式培根散落下的香料可撒在肉片上，烤后更香。

06 如果很在意意式培根的盐分，可将培根肉片放进装满水的盆中浸泡5分钟后再使用。

07 吸干意式培根的水分。

08 在平底锅中加热蒜香橄榄油，将意式培根炒至金黄色。

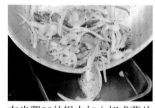

09 在步骤08的锅中加入切成薄片的洋葱拌炒。拌炒完成后将其盛放至平底锅中。

10 在另一个平底锅中以大火加热橄榄油，煎炸圆茄至其表面呈现金黄色。

11 待茄子表面呈现金黄色后，将茄子放至厨房纸巾上，轻轻按压以吸除多余的油脂。

16 撒放上马苏里拉奶酪和牛至碎末。ⓟ牛至的香味很浓烈，所以注意用量。

21 将马苏里拉奶酪散放在食材上，再将全体均匀地撒上帕马森干酪。

12 将马苏里拉奶酪切成5mm的方块。

17 再铺放上一层茄子，并涂抹番茄酱汁。

22 放入预热至170℃的烤箱中烘烤30分钟。将金属叉刺入其中，再用手指触摸，如果中间的食材也变热了，就可以取出了。

13 在较深的耐热容器中，铺放入茄子。

18 在步骤17的材料上撒放马苏里拉奶酪和牛至。依步骤13～16的顺序将材料叠放至容器中至八分满。

Point

要怎样才能做出既润滑又扎实的口感呢？

在打散蛋液时不要打发，搅拌即可。蛋液上有气泡时会产生空洞而影响口感。另外，蛋汁如果过度加热，也会有干松的感觉，所以低温慢烤是诀窍。

14 将番茄酱汁淋放在茄子上，用汤匙将酱汁均匀推平。

19 最后再放上茄子片。在盆中打入鸡蛋，加上盐、胡椒拌匀后，将其浇淋在步骤18的容器中。

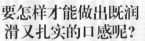

蛋液不要搅拌至打发状态，迅速地打散就是要领。

15 接着均匀摆放上拌炒过的意式培根与洋葱。

20 利用叉子等用具拨动食材，使蛋汁可以均匀流至全部食材中。

如果金属叉没有变热，再放入170℃预热的烤箱中视状况再次加热。

意大利料理不可或缺的奶酪

除了直接食用以外，也可运用于平日的料理中

硬式 & 半硬式奶酪

1.帕马森干酪
拥有800年以上历史的硬式奶酪之王。受到D.O.P最严格的审核管理。

2.帕达诺奶酪
与帕马森干酪一样是由牛奶制成的，熟成期至少9个月以上。较帕马森干酪温和，也更便宜。

3.卡斯特马干酪
由牛奶制成的。有些也会添加山羊奶。所需的制造时间相当长，唯有在山岳地区才能制作，因此价格相当高。

4.佩科里诺奶酪
由羊奶制成的奶酪总称，其中"罗马干酪"最为著名。具有盐分和酸味是其特征。

5.佩科里诺托斯卡纳奶酪
特指托斯卡纳产的佩科里诺奶酪。照片中是熟成期6个月以上的"OroAntico"。

6.意式芳汀那奶酪
牛奶制成的，有着好像坚果一样的醇郁和甜味，清爽的香气是其最大的魅力。中间为半硬式奶酪。

新鲜奶酪

1.马斯卡普尼奶酪
是提拉米苏当中有名的新鲜奶酪。乳脂含量在70%以上的浓醇风味，正是其魅力所在。

2.里科塔奶酪
将奶酪制造过程中分离的乳清（Whey）加热制成的。常用于点心或意大利面的馅料等。

3.马苏里拉奶酪
是由水牛乳制成的，D.O.P仅认证在坎帕尼亚大区和拉齐奥大区的指定地区所制作的产品。

4.贝尔佩斯奶酪
以牛奶为原料所制成的乳霜状万用奶酪。也可以涂抹于面包或饼干上来享用。

蓝纹奶酪

1.戈贡左拉蓝纹奶酪（辣味 Piccarnte）
受到D.O.P认证的世界三大蓝纹（青霉）奶酪之一。熟成期约为2~3个月。

2.戈贡左拉蓝纹奶酪（甜味 Dolce）
和1是同一种奶酪，但是具有甜味。和1的辣味相比，盐分和蓝纹较少，味道也较温和。

意大利南北狭长的地理环境造就了不同的奶酪

如果要追溯意大利与奶酪的关系，可以从公元前1000年开始。奶酪起始于埃特鲁斯坎人（Etruria），因罗马帝国的繁荣而广为流传，经长年累月后，意大利各地区都产生了当地独创的奶酪。

地形南北狭长的意大利，奶酪也因气候的不同而种类繁多。在气候偏冷的北部，以牛奶制成的风味浓厚的奶酪较多，以长时间熟成的硬式奶酪为主流。南部的奶酪则是以使用羊奶或水牛奶制作的新鲜奶酪为主。

意大利的奶酪，原产地、制作方法、熟成期等都有着严格的规定，是由欧盟制定的D.O.P（原产地命名）法律来保护的。就像绝对不会有英国产的戈贡左拉蓝纹奶酪存在一样，这些受到法律保护的奶酪，绝对没有其他相同名称的产品。

Gratinati allérbe2 erbe

2种烤香料面包粉料理

飘散着香味的面包粉与海鲜的绝妙搭配。

烤香草面包粉沙丁鱼

烤香草面包粉蛤蜊

2种烤香料面包粉料理

材料（2人份）

蛤蜊（带壳）·········6个（180g）
沙丁鱼···············4条（400g）
柳橙·················1/2个（100g）
番茄酱汁·············100g
白葡萄酒、鸡高汤·····各40mL
盐、胡椒·············适量

加入香草的面包粉材料

蒜香橄榄油···········1大匙
面包粉···············4大匙
洋葱·················1/10个（20g）
帕马森干酪（磨成粉状）
····················10g
百里香（干燥）、牛至（干燥）
····················各一小撮
西芹（新鲜）·········1大根
盐、胡椒·············适量

Point

记住清理沙丁鱼的方法。

所需时间
50分钟

01 将沙丁鱼的鱼鳞刮除，垂直切除胸鳍和头部。

06 当鱼骨与鱼肉分离时，把鱼肉翻开摊平。

02 在鱼腹5mm上从肛门处直线切下，取出肠肚内脏。

07 以手指从尾端将鱼骨折断，从鱼肉中拉除。

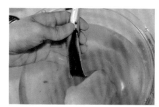

03 在装满水的盆中将鱼的内脏清洗干净。Ⓟ因为沙丁鱼的鱼身柔软，若是直接以水龙头清洗，可能会伤及鱼肉。

08 重复步骤01～07的方法，将其余的三条鱼一起进行同样的准备工作。将鱼肉并排放在浅盘里，撒上盐和胡椒。

04 由水中取出沙丁鱼，轻柔地将鱼肚和表面擦干。

09 翻面在鱼皮上也撒上盐和胡椒。Ⓟ由较高的位置撒盐和胡椒可以撒得更均匀。

05 将鱼放在砧板上，由鱼腹切口处伸入食指，沿着中央鱼龙骨，使鱼肉不要沾附在鱼骨上，以指尖按压将鱼骨及鱼肉分开。

10 将吐完沙的蛤蜊连壳洗干净（请参考P42的步骤02）。在锅中放入白酒和鸡高汤，放入蛤蜊加热，并盖上锅盖。

11 依蛤蜊打开的顺序将其移至浅盘中。尚未打开的蛤蜊则再继续盖上锅盖稍候。ⓟ当水分减少时，请再加水。

16 在较大的盆中放入面包粉、帕马森干酪、百里香、牛至、西芹、洋葱和蒜香橄榄油。

21 将步骤18的香草面包粉平放在沙丁鱼皮的表面，放入预热至240℃的烤箱烘烤7～8分钟。

12 将单边的蛤蜊壳扭转取下。ⓟ用蛤蜊壳将蛤蜊肉取下更方便食用。

17 在步骤16的盆中撒上盐、胡椒。

22 在蛤蜊肉上放上香草面包粉，在250℃预热的烤箱烘烤4～5分钟，烤至呈金黄色。

13 将柳橙切成3mm的厚度，并排放在耐热容器上。

18 用刮勺混拌。ⓟ混合拌至均匀为止。

14 制作加入香草的面包粉。将西芹切成细末。

19 在步骤13排好的柳橙上均匀涂上番茄酱汁。

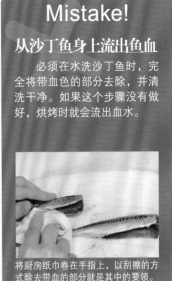

Mistake!

从沙丁鱼身上流出鱼血

必须在水洗沙丁鱼时，完全将带血色的部分去除，并清洗干净。如果这个步骤没有做好，烘烤时就会流出血水。

将厨房纸巾卷在手指上，以刮擦的方式除去带血的部分就是其中的要领。

15 将洋葱切碎。

20 将沙丁鱼的水分拭干，皮朝上并排摆放。

意大利料理不可或缺的香草

只要加一点香草就能使意大利料理的美味倍增

罗勒

是罗勒酱中必不可少的材料。相对于干燥罗勒，新鲜的罗勒香气更好、更鲜活。

迷迭香

尖尖的叶片，有着药草般的独特且强烈的香气。可以消除鱼类料理的腥味并增加香气。

百里香

口味甘甜且香气清爽怡人。即使加热后香味也不会消散，所以对于炖煮或焙烤料理而言是极为重要的香草。

鼠尾草

是"跳进嘴里"这道菜中不能缺少的香草。有着苦味和涩味，又有着仿若艾草般的独特风味。

牛至

干燥后反而有着更深更强的香气。非常适合搭配番茄，也常被用做比萨的香料。

意大利香芹（香菜）

主要供西餐业应用，是西餐中不可缺少的香辛调味菜和装饰用蔬菜，可生食。

希望大家在制作意大利料理时务必准备这些食材

最能展现意大利料理魅力的，就是香草。

香草具有温和稳定的清爽香气，除了可以消除肉类、鱼类的腥臭，揉入意大利面的面团之内，也常被当做盘饰来提味，是意大利料理中不可或缺的食材之一。

罗勒叶或香芹可切成细末，用于盘饰、增添风味，还可以用于意大利面、炖饭、主菜等所有的料理中，是经常使用的香草。绝大部分料理都要使用新鲜的香草，但也有的是干燥和新鲜的各半，二者用的都比较多。

在超市或西餐调料专卖店，可以买到各式各样的香草，所以想要尝试做意大利菜时，请务必添购一些香草。

3道烤箱烘烤料理

烘烤成金黄色令人食欲大增。

烤生火腿和奶酪

材料（2人份）

生火腿……………………4片（32g）
芦笋………………………4枝（80g）
杏鲍菇……………………1根（30g）
甘蓝……………………1/4颗（50g）
马苏里拉奶酪……………1个（100g）
巴萨米克醋……………1大匙
EXV 橄榄油 ………1大匙

Point

将材料的形状整理漂亮后分切。

所需时间
30分钟

01 将芦笋茎部切齐，用刮刀薄薄地刮除外皮。把较硬的部分折掉。

02 纵切杏鲍菇，分切成4等份。

03 将甘蓝切成4等份的半圆形。

04 把马苏里拉奶酪切成1cm厚的片状。

05 平底锅中加橄榄油（用量外），轻轻煎热甘蓝的表面。等煎到表面有了煎烤色时再移至浅盘中。

06 在同一个平底锅中同样煎鲍菇。待表面有了煎烤色时再将其移至浅盘中。油量不足时，请再添加橄榄油。

07 在平底锅中放入芦笋，用锅铲轻轻按压使其表面产生焦色。之后一样移至浅盘中。

08 在耐热容器中叠放2根芦笋、甘蓝、杏鲍菇。其余的芦笋则摆放在表面，之后撒上马苏里拉奶酪。

09 在预热至200℃的烤箱中烘烤至奶酪熔化的状态。烘烤至如照片上的奶酪状态即可。

10 将4片生火腿片摆放在步骤09的烤盘上，再淋上巴萨米克醋和EXV橄榄油。

烘烤笋瓜酿肉

材料（2人份）

笋瓜（西葫芦）………1根（150g）
牛绞肉…………………100g
洋葱……………………1/5 个（40g）
番茄酱汁………………100g
帕马森干酪……………15g
面包粉…………………10g
蒜香橄榄油……………1/2 大匙
百里香（生）…………1/2 根
盐、胡椒………………适量
百里香（装饰）………2 根

Point

在笋瓜上撒盐，先去其涩
味。

所需时间
30 分钟

01　将笋瓜纵向对切，用汤匙将瓜肉挖出后，排放在浅盘上并撒上盐。将瓜肉与洋葱切成5mm块状。

02　在平底锅中加热蒜香橄榄油，放入笋瓜肉和洋葱拌炒。炒好的材料放入盆中，再放在装有冰水的盆中冷却。

03　在步骤02的盆中加入牛绞肉和一半的帕马森干酪，加入盐、胡椒、百里香的叶子，用刮勺充分搅拌。

04　待笋瓜流出水分后，用厨房纸巾擦干。

05　在烤盘上铺放烤盘纸，排放好笋瓜，并将步骤03的材料填入。①馅料可以多填一些，这样可以烤出鼓起的漂亮外观。

06　在表面撒上面包粉和剩余的帕马森干酪，在预热至230℃的烤箱中烘烤约15分钟。盛放在涂有番茄酱汁的盘上，以百里香加以盘饰。

One More Recipe

烘烤番茄

材料（2人份）

番茄…………………………2 颗
马苏里拉奶酪……………1/2 个（50g）
生火腿………………………1 片
EXV 橄榄油 ……………1/2 大匙
罗勒叶………………………2 根
盐……………………………适量

作法

❶如果剥掉太多番茄皮，会使番茄流出很多的水分而损及外形，因此取番茄蒂时切口要小。在烤盘上铺放烤盘纸，将番茄蒂朝下放置于烤盘上，在预热至100℃的烤箱中烘烤1个小时。

❷将生火腿切一半。将马苏里拉奶酪切成1cm 宽的片状。

❸在步骤①的番茄上依序摆放上生火腿、马苏里拉奶酪，再在上面滴淋上 EXV 橄榄油，撒上盐。

❹在预热至250℃的烤箱中烘烤约8分钟，再用罗勒叶加以装饰。

用烤箱烘烤番茄时，番茄皮会变皱，以此为标准来烘烤即可。

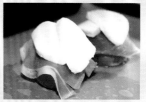

不要将番茄蒂朝上放置，然后再将其他材料覆盖上去。如果覆盖用的材料过大，也可以适度地裁切后再摆放。

博洛尼亚

艾米利亚–罗马涅大区

意大利料理的诀窍与重点 ⑫

艾米利亚–罗马涅大区的料理和特色

以丰富的食材孕育出优雅的饮食文化

这些是艾米利亚 – 罗马涅大区的主要特产

1.火腿

帕尔马产的顶级生火腿需要10个月以上的熟成期。洛尼亚的意式肉肠也是非常有名的加工品。

2.帕马森干酪

可以说是最能代表意大利的奶酪。雷焦艾米利亚是主要的制造地。制作1个大约需要600L牛奶。

3.巴萨米克醋

在摩德纳地区、雷焦艾米利亚地区制作,利用葡萄榨出的果汁制成醋。利用酒樽熟成而增添它的芳醇风味。

其他产品

手工意大利面的主要产地。还种植制作砂糖的甜菜、软质小麦、洋梨、樱桃和桃子等。

以下是一些比较有代表性的料理

肉酱酱汁

在意大利文中,称之为"salsa bolognese",当地是用在兔或鸭等肉类上,以烹调出浓重的口味。

千层面

以本地特产的现做意大利面和意大利肉酱调配而成的独特料理。

迷你炸面包

用高筋面粉、猪油、酵母、牛奶等制成的迷你炸面包。多半会在上面摆放生火腿、意式腊肠等一起食用。

工业、农业和文化产业都相当发达的美食地区

古罗马帝国的伊特鲁利亚大道横贯艾米利亚–罗马涅大区,该大区自古以来因地处交通要塞而繁荣。这里有着世界上最古老的大学,有着大量的文化遗产,在意大利本土也以其高度成熟的文化而闻名。这里以法拉利(Ferrari)、玛莎拉蒂(Maserati)等汽车厂为首的机械工业也非常发达。

依托广袤的平原而生的奶酪业、畜牧业也十分发达,特别是帕尔马所产的帕马森干酪和生火腿,都是最能代表意大利的食材,也受到全世界美食家的赞许和肯定。

工业、农业和文化产业都十分发达的艾米利亚–罗马涅大区,即便是在意大利也是屈指可数的富庶之乡。该大区以风味浓郁醇厚的料理而知名,孕育出了优雅而迷人的饮食文化。

冷腌油醋竹笺鱼

新鲜的竹笺鱼完全浸透了橄榄油和大蒜的香气。

冷腌油醋竹笑鱼

材料（2人份）

竹笑鱼	4小条（200g）
盐	适量
玉兰花	1片（10g）
甘蓝	1片（20g）
生菜	1/2片（10g）
莳萝（装饰用）	适量
意大利沙拉酱汁	4大匙

油醋汁的材料

柠檬汁	15mL
砂糖	1小匙
EXV 橄榄油	40mL
白酒醋	15mL
大蒜	1片
芹菜	1/4根（25g）
盐、胡椒	适量

01 用湿布将浅盘擦干净后撒上盐。Ⓟ这样可以均匀地将盐撒遍浅盘。

02 将竹笑鱼分切成三片（参照P79），将切好的鱼片排放在步骤01的浅盘上。鱼片上也同样地撒上盐，将浅盘倾斜放置约10分钟。

03 将步骤02的鱼片放入装满水的盆中清洗干净，再用布将水分吸干。

04 将柠檬汁、砂糖、白酒醋、盐、胡椒放入盆中，用打蛋器均匀混拌。

05 搅拌至盐溶化后，在步骤04的盆中加入EXV橄榄油并用打蛋器充分拌匀。在此将切成薄片的芹菜和大蒜加入并混拌均匀。

06 预备可以摆放下竹笑鱼片的平盘，将步骤05一半的酱汁涂在盘上，将鱼皮朝下并排在盘中。

07 把剩下的酱汁浇淋在鱼片上。保鲜膜紧覆在鱼上包妥，放置于冷藏室约半天。

08 从头部向尾端，将步骤07的鱼片剥下鱼皮。鱼肉片分切成一口大小。

09 将玉兰花、甘蓝，生菜剥成一口大小，再与鱼片一同盛放在盘中。

10 在生菜沙拉上浇淋意大利酱汁，鱼肉上摆放莳萝加以装饰。

Point

充分洗掉竹笑鱼的腥味。

所需时间
半天+30分钟

竹笋鱼切成三片的处理方法

01　将竹笋鱼头朝左放置于砧板上。从尾端朝头部以菜刀沿着鱼背将侧鳞切除下来。

02　将鱼朝自己方向翻转，在头部两侧切入，将头部切去。

03　鱼尾朝左在肛门至腹部间，用刀背从腹部切入。

04　利用刀尖刮除内脏，清除包括带着鱼血的部分。

05　在放满冰水的盆中将鱼洗干净。连接内脏的部分也要洗净。

06　用布将鱼包起，擦去水分，连鱼腹的内部也要擦净。

07　鱼尾朝左，由距离腹鳍2mm处切入，切至碰到中央鱼骨为止，必须深深地切入其中。

08　将背鳍朝着自己，鱼尾朝右切入距背鳍2mm处的鱼皮，沿着中央鱼骨切入。

09　在尾端将菜刀贯穿切入后，拉出菜刀再次用刀背朝左插入鱼肉中。

10　左手按压住鱼尾，菜刀朝左下方沿着中央鱼骨推动，之后再转换菜刀的方向将鱼肉切离鱼身。

11　将背鳍放到自己面前，尾端朝左，由距背鳍2mm处切入，切入至碰到中央鱼骨为止，必须深深切入其中。

12　将鱼腹放置自己面前，尾端朝右切入距腹鳍2mm处的鱼皮，沿着中央鱼骨切入。

13　朝着同一方向，将菜刀由尾端垂直切下后插入鱼身。

14　左手按压住鱼尾，菜刀朝左下方沿着中央鱼骨推动，将上方的鱼片切离中央鱼骨。

15　用刀背按压出鱼腹骨后，沿着鱼腹骨的厚度切除。细小的鱼骨从头到尾用鱼骨夹夹出。

意大利料理的诀窍与重点 ⑬

橄榄油的制作过程

展示由果汁变为橄榄油的神奇制造工艺

橄榄油的制造工序

橄榄的采收
↓
筛选后洗净
↓
研磨成泥状
↓
搅拌后压榨
↓
检查和调配
↓
过滤、成品化等 → 出口至世界各地

在采收果实后的几个小时内就必须将其油品化

油品的风味，会依橄榄的品种、产地、采集方式等的不同而有着相当程度的差异。果实采收后若没有立即油品化，就会损及完成时的风味，所以几乎所有的厂商都会在采收后的72小时内完成压榨作业。

到此就大功告成了

特级初榨橄榄油

酸度在0.8%以下，是无可挑剔的顶级油品，有着绝佳的香味。酸度在1.5%以下者称之为"好"，酸度在3.3%以下的则称之为"一般"，在意大利是以此来分级销售的。

必须经过严格的检查

从风味上来区别，可分为水果味、辛辣味、苦味等各式各样的个性化的口味。酸度在3.4%以上者，则为"低级初榨"，需再经精制后食用。

只需经过压榨即可采集具有水果风味的橄榄油

橄榄油，是所有食用油当中唯一一种只需要将果实碾压放置后即可采集的油品。油品的采集，可以将泥状的橄榄压榨，或用离心分离器榨出，还可以用电力萃取等方法。压榨出的油脂，经专业鉴定师进行调温和化学分析后，依其酸度高低而分成4个等级：特级初榨（Estra-Virgin）、优级初榨（Virgin）、普通初榨（Ordinary）、低级初榨（Lampante）。之后，再过滤装瓶。

只是"低级初榨"并不被当成食用油来使用，所以需再经过精制与调配后才能成为成品。

格状蔬菜咸派

口味香浓酥脆的派皮内充盈着丰盛的蔬菜。

格状蔬菜咸派

材料（直径22cm的派盘1个的分量）

笋瓜	1根（150g）
茄子	1根（70g）
马铃薯（小）	2个（160g）
蒜香橄榄油	2大匙
百里香	1枝
百里香（装饰用）	2枝
番茄酱汁	100g
盐、胡椒	适量

派皮面团的材料

低筋面粉	70g
高筋面粉	70g
盐	1小撮
黄油	110g
冷水	70mL
蛋液	1/2个（30g）
面粉	适量

Point

为了不使派皮溶化，先将作业台冷却再制作。

所需时间
60分钟

01 将笋瓜、茄子切成0.5mm厚度的圈状。参考P38的步骤03～06先除去茄子的涩味。

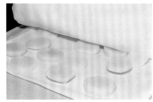

02 削去马铃薯皮后，将马铃薯切成0.5mm厚度的圈状，放入装水的盆中浸泡约10分钟。待淀粉流出，再用布将马铃薯擦干。

03 将笋瓜、茄子、马铃薯移放至浅盘中，浇淋上蒜香橄榄油。

04 百里香的叶子用手揉搓至步骤03的浅盘中。接着撒上盐、胡椒，使材料均匀沾裹上调味料。

05 以网状烤锅或网架烘烤步骤04的材料，烘烤至呈现焦色。P用锅铲等稍加按压，就可以呈现出漂亮的烘烤色。

06 制作派皮。事前先将放入冰水的金属浅盘放在作业台上，冷却作业台。P将黄油切成2mm的块状，派皮面团的材料先放置冷藏室冷却。

07 在作业台上撒放过筛后的高筋面粉、低筋面粉和盐。在粉类上方放置黄油，不要揉压，轻轻混拌。

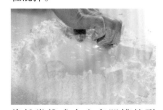

08 将粉类推成中央有凹槽的形状，在凹槽处轻巧地倒入冷水。P尽量在较凉的场所，快速地进行以避免黄油溶化。

09 将凹槽周围以画圈的方式将粉类混拌进去。混拌后再用刮板进行切拌。

10 用手掌按压黄油，并用刮板将材料对切折叠。P按压黄油的时间过长会使黄油溶化，因此瞬间按压即可。

11 将步骤10的面团切成2等份，重叠、用手掌压平重整的作业，重复进行3~4次。

12 黄油如照片所示，没有完全混入其中，黄油杂夹粉类的状况下，将所有材料揉合为一。ℙ用手提起时，不会散落或破碎即可。

13 在作业台上撒放面粉，将面团置于其上，也撒上面粉，用擀面棒慢慢推展开。ℙ擀面棒可以先放在冷藏库中冰凉备用。

14 在此因使用的是直径约22cm的派盘，所以要将面团擀压成长28cm、宽35cm的大小，可以一边用尺测量一边用擀面棒压展。

15 将面皮放在派盘上，并将多余的部分用刀子切掉。ℙ在此时若黄油开始溶出，请再放回冷藏库中冰镇约30分钟。

16 将面皮铺在派盘上，沿着派盘按压使其与派盘贴合。多余的面皮直接用保鲜膜包妥放置冷藏室冷藏。

17 将派皮与派盘边缘贴合按压后，将多余的派皮切下。ℙ边转动派盘边操作会更方便。

18 将步骤17切下的面皮揉搓后，再次用擀面棒压平。ℙ切下来的面皮可以作为2次面皮再度被利用（请参考P84）。

19 在派盘上均匀抹上番茄酱汁。

20 将步骤05中烤好冷却的蔬菜交错地叠放上去。ℙ外观较差的放在下面，较美观的放在上面排好。

21 在派皮的边缘用刷子涂上蛋液。ℙ如果不快速操作，派皮会变得过度柔软。

22 将步骤16中多余的面皮用网状滚轮切成网状。ℙ也可以用刀将派皮切成网状。

23 将切成网状的面皮拉开，覆盖在步骤21的派盘上。

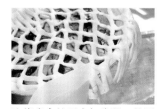

24 边缘多余的面皮如步骤17的要领一样切落。

25 将蛋液涂抹在网状派皮上，放入预热至200℃的烤箱中烘烤约20分钟。拿出派盘后，用锯齿刀分切，放上百里香加以装饰。

利用剩余派皮制作的简易食品

试着活用格状蔬菜咸派中的剩余派皮吧

鸿喜菇肉派

材料（圆形、长方形任意种类1个的分量）

派皮（参考 P82）……120g
牛绞肉……60g
鸿喜菇……25g
洋葱……15g
蛋液……1 小匙
新鲜面包粉……5g
牛奶……1 大匙
盐、胡椒、肉豆蔻……各适量
蛋液（完成时使用）……适量
黄油……5g

如果剩下的派皮面团不太多

→将派皮面团推擀成棒状，在表面撒上帕马林干酪和红椒粉，放入预热至220℃的烤箱中烘烤约12分钟。

制作方法

❶将洋葱和鸿喜菇切成 5mm 块状，用黄油拌炒后放凉备用。❷在放有步骤①材料的盆中放入牛绞肉、蛋液、新鲜面包粉、牛奶、盐、胡椒和肉豆蔻，混拌后用手揉搓成圆形。❸将派皮擀压成厚 3mm、长 10cm 以上的长方形。❹在面皮的右端放上步骤②中搓揉成圆形的材料，将蛋液涂在面皮的边缘。❺做成圆形时将半边面团仿佛覆盖般折叠起来，以直径 10cm 的环形模来完成圆形。为了不使边缘散开，以手指按压面皮。❻制作长方形时（照片右侧），不要用环形模切成圆形，直接用手指按压边缘。❼放置于冷藏库冷却约 20 分钟。❽做成圆形时，可以用水果刀的刀背在面皮的表面划出花纹。接下来同样在表面涂上蛋液，放入预热至220℃的烤箱烘烤约 15 分钟。长方形的在表面上用派皮滚轮划出三个方向的纹路。切开的派皮会成为表面的装饰，同样放入烤箱烘烤。

制作料理或点心时，可以灵活运用的派皮面团

制作格状蔬菜咸派的派皮面团，也被称为速成折叠派皮面团，可以很简单地制成。除了料理之外，还可用于苹果派等，因为它也可运用于制作糕点，所以剩余的面团不要丢弃，可以再灵活运用。

最简单的用法就是将面皮覆盖在汤碗上，放入烤箱中就变成了面包酥皮汤。可以将剩下的意大利什锦蔬菜汤或奶油巧达汤等放在汤碗中，将面皮擀压成3mm厚，用蛋液将面皮粘黏在汤碗边缘，只要放入烤箱烘烤即可。

如果面皮只剩下一点点，在面皮上涂抹水果果酱，做成适当的形状，放入烤箱烘烤，就可以成为简易的一口派。

这种灵活运用面皮的方法很简单，如果不想马上使用，只要用保鲜膜包妥，冷冻也可以保存约1个月。

Bagna caôda

热蘸酱

源自皮埃蒙特地区，是奶酪火锅类的配菜。

戈贡左拉蓝纹奶酪热蘸酱

鳕鱼干热蘸酱

香蒜鳀鱼热蘸酱

热蘸酱

材料（2人份）

沾裹用蔬菜

甜椒（红）、甜椒（黄）、胡萝卜、茴香、
菜花、甘蓝、玉兰花、甜豆、玉米笋
............................各适量

香蒜鳀鱼热蘸酱的材料

橄榄油	80mL
鳀鱼（片状或是泥状）	8片（40g）
大蒜（小）	1株（40g）
洋葱	1/5个（40g）
牛奶	100mL
胡椒	适量

鳕鱼干热蘸酱的材料

鳕鱼干	40g
牛奶	100mL
大蒜	1/2片（5g）
月桂叶	1片
EXV橄榄油	30mL

戈贡左拉蓝纹奶酪热蘸酱的材料

戈贡左拉蓝纹奶酪	60g
大蒜	1/2片（5g）
白葡萄酒	40mL
橄榄油	30mL
盐、胡椒	适量

Point

用蔬菜趁热蘸取食用。

所需时间
60分钟

※不包含浸泡鳕鱼干的时间。

01 制作香蒜鳀鱼热蘸酱。除去大蒜的皮膜，每瓣纵向对切后取出中央的芽心。

02 在锅中放入大蒜和用量一半的牛奶50mL。

03 将大略切过的洋葱和足以淹覆材料的水加入步骤02的锅中，加热煮至沸腾。

04 沸腾后以滤网过滤。汤汁可以丢弃。

05 步骤04过滤后的材料再倒回锅中，加入剩余的50mL牛奶和足以淹覆材料的水（用量外），再度煮沸。

06 当步骤05的材料煮至竹签可以轻易刺穿时，就可以熄火用滤网捞起。

07 将步骤06的材料和鳀鱼片分别以滤网过滤备用。如果使用的是鳀鱼泥时就不需经过滤网的过滤。

08 在锅中加入步骤07中过滤的材料和橄榄油，以小火加热。开火加热后用打蛋器充分搅拌。

09 当混拌至相当程度后撒入胡椒。如照片所示充分拌匀后即为完成。ⓟ当出现浮渣时要立刻将其捞出。

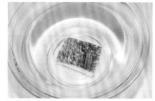

10 ⑱鳕鱼干浸泡在大量的水中一夜，将其还原。盐分较大时可以多换几次水。

11 制作鳕鱼干热蘸酱。将鳕鱼干、大蒜、月桂叶、牛奶放入锅中，倒满水（用量外）约煮40分钟。

12 将步骤11的鳕鱼干移至浅盘中，使鱼肉松散开。一边夹松鱼肉一边剔除鱼刺和鱼皮。煮鱼的汤汁留下备用。

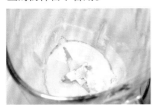

13 在搅拌器中放入干鳕鱼肉、EXV橄榄油以及步骤12的汤汁80mL，一起搅打。如果过于凝固，可用汤汁再加以调整。

14 制作戈贡左拉蓝纹奶酪热蘸酱。在锅中放入橄榄油和敲扁了的大蒜，将锅略略倾斜，仿佛油炸般加热。

15 当大蒜开始产生泡泡出现香味时，即可熄火。待其冷却后在锅中加入白葡萄酒。

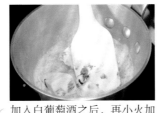

16 加入白葡萄酒之后，再小火加热以挥发酒精成分。接着将戈贡左拉蓝纹奶酪放进锅中，用刮勺边压碎边使其溶化。

17 当戈贡左拉蓝纹奶酪溶化后，取出大蒜。可以试试味道，如果口味太淡时，可以加入盐、胡椒调味，轻轻混拌后完成。

18 将甜椒（黄）、甜椒（红）切成方便食用的大小。

19 胡萝卜切成1cm的方形条状。

20 用刀子切除茴香变色的前端。

21 将茴香切成1cm宽的棒状。将甘蓝和玉兰花洗净沥干。

22 加热锅中放入盐和热水，把甜豆、玉米笋和菜花放进锅中烫煮1分钟。

Mistake!
鳕鱼干热蘸酱中有小鱼刺！

将干鳕鱼肉夹散时，若没有仔细地将小鱼刺剔除，热蘸酱中就会夹带着小鱼刺。即使接下来用搅拌器搅打，也很难将全部鱼刺取出。

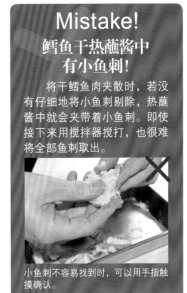

小鱼刺不容易找到时，可以用手指触摸确认。

都灵

皮埃蒙特大区

意大利料理的诀窍与重点 ⑮

皮埃蒙特大区的料理和特色

山珍海味孕育出的简约而朴实的饮食文化

该大区的主要特产

1.意大利米

土壤肥沃的波河流域，是意大利最大的谷仓。这里盛产水稻，同时还养殖常见于料理中的青蛙和鲤鱼等。

2.意大利面包棒

意大利有代表性的细长面包。在意大利北部地区，这种面包是用猪油制成。酥脆的口感令人上瘾。

3.酒中之王巴罗洛

利用内比奥罗种葡萄制成，被称作意大利葡萄酒之王和王后的巴罗洛、巴巴莱斯科，虽然口感十分浓重，但风味却十分细腻。

其他物产

可以采收到大量优质的牛肝菌、栗子、核桃等。阿斯蒂 地区所生产的阿斯蒂起泡葡萄酒也很有名。

以下是具代表性的料理

香蒜鳀鱼热蘸酱

因为与利古里亚大区有着频繁的贸易往来，所以有了这道使用了南部蔬菜和鳀鱼的料理。

意式鲜奶酪

在意大利北部地区常见的料理。除了意式鲜奶酪外，使用特产的乳制品制成的点心也比较常见。

巴罗洛葡萄酒炖肉

选用牛颊肉，并用整瓶名酒巴罗洛炖煮而成的料理。入口即化的柔软口感是其特征。

有着丰富的山珍特产并受法国影响的地方

　　成功举办2006年冬季奥运会的都灵，是皮埃蒙特大区的首府。这里多是山岳地形，在意大利统一之前属于法国领地。皮埃蒙特的饮食文化，以山地特产为主要食材并富有浓厚的法国风味。

　　在丰富的山地特产当中，有美味牛肝菌和号称世界三大美味之一的高级白松露，这些都是皮埃蒙特大区足以自夸的食材。这里不仅可以狩猎到大量的兔子、鹿等野味，红鳟、鲤鱼等淡水鱼的产量也十分丰富。

　　另外，皮埃蒙特大区也是意大利国内屈指可数的葡萄酒产地之一。有着被称为葡萄酒之王与王后的巴罗洛、巴巴莱斯科，高雅且余韵十足，被赞誉为意大利最顶级的红葡萄酒。

3种配菜

不管哪一种都可以简单地制作，让您充分享受意大利的家庭风味！

菠菜慕斯

材料（直径7cm模型4个份）

菠菜……………………1/4 把（50g）
鸡蛋……………………2 个（120g）
鸡高汤…………………50mL
鲜奶油…………………50mL
蒜香橄榄油……………1/2 大匙
奶油（涂抹模型用）……适量
盐、胡椒………………适量

Point

菠菜用搅拌器搅打成碎末。

所需时间
50分钟

01　将洗净的菠菜茎部削切十字切痕。

02　在大量的沸水中加入盐，再将菠菜的茎部放入约10秒，接着连同叶片一起放入煮约1分钟。

03　将菠菜放在竹盘上沥干水分，也可以用扇子扇凉。

04　将菠菜切成粗段。

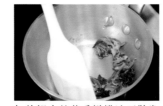

05　加热锅中的蒜香橄榄油至散发出香气，再将步骤04的菠菜加入轻炒。

06　在搅拌器中放进鸡蛋、鲜奶油、鸡高汤和菠菜。加入盐、胡椒后开始搅拌。

07　搅拌至照片中的状态即可。⑪配合模型的底部将烤盘纸裁剪成适当的大小。

08　用刷子在模型内侧刷涂上薄薄的奶油。将剪好的烤盘纸贴在底部。Ⓟ盛盘时再将纸撕下。

09　将菠菜慕斯倒入模型中，约倒9分满。

10　在锅底铺上厨房纸巾，放上步骤09的模型。轻轻地倒入开水，放入预热至160℃的烤箱中，隔水加热约30分钟。

香煎香菇

材料（2人份）

鸿喜菇……………………1 包（100g）
杏鲍菇……………………2 根（60g）
洋菇………………………10 个（80g）
大蒜………………………1/2 片（5g）
洋葱………………………1/2 个（100g）
EXV 橄榄油 …………1.5 大匙
香芹末……………………1 大匙

沙拉酱汁的材料

黄芥茉酱…………………1 小匙
白酒醋……………………20mL
EXV 橄榄油 …………40mL
红辣椒……………………1/3 根
盐、胡椒…………………适量

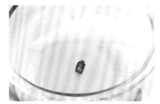

02 充分拌匀后，加入去子的红辣椒，稍稍浸泡。

03 切除鸿喜菇的底部，将其分成小株。将杏鲍菇切成与鸿喜菇相同大小。洋菇分切成6等份，洋葱切成薄片。

04 在平底锅中放入橄榄油和砸碎的大蒜，将平底锅稍稍倾斜，使其仿佛油炸般。接着放入菇类拌炒至散发出香气。

05 菇类拌炒完成后加入步骤02的盆中。接着在同一平底锅中放入洋葱薄片拌炒，之后再倒入盆中。

Point

菇类趁热与沙拉酱汁混拌。

所需时间
20分钟

01 在盆中放入黄芥茉酱、白酒醋、盐、胡椒，用打蛋器拌匀。再以少量逐次方式加入EXV橄榄油。

06 用刮勺拌匀盆中的材料，并用盐、胡椒调味。装盘之后再撒上香芹末，完成。

One More Recipe

炖煮白芸豆

材料（2人份）

白芸豆（干燥）………100g
水…………………………500mL
大蒜………………………适量
鼠尾草……………………适量
EXV 橄榄油、盐 …适量

香料束的材料

迷迭香、鼠尾草、百里香、
罗勒叶、香芹………各适量

作法

❶将白芸豆浸泡在水中1晚。浸泡过的水不要丢掉留下备用。

❷制作香料束。香草类用线紧绑成束。

❸将步骤❶连同浸泡过的水一起倒入锅中，接着放入香草束。

❹在砧板上将大蒜压碎后加入步骤❸的锅中，加热熬煮40～50分钟至水分收干。

❺熬煮出豆类浮渣时，以汤匙捞除。

❻熬煮结束时，取出香草束，以盐进行调味，最后淋上EXV橄榄油，盛盘。以鼠尾草装饰。

为了不使香草散开，在香草束两端仔细扎紧。

香草用扎成束的方式加入，当香味过重时可立即取出。

搭配料理的大蒜的用法

大蒜独特的香味可以促进食欲

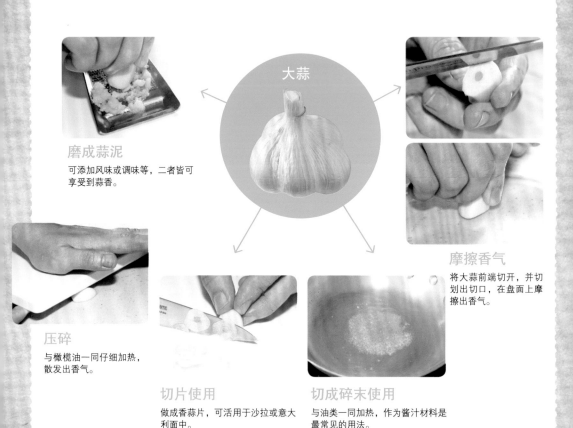

磨成蒜泥

可添加风味或调味等，二者皆可享受到蒜香。

大蒜

摩擦香气

将大蒜前端切开，并切划出切口，在盘面上摩擦出香气。

压碎

与橄榄油一同仔细加热，散发出香气。

切片使用

做成香蒜片，可活用于沙拉或意大利面中。

切成碎末使用

与油类一同加热，作为酱汁材料是最常见的用法。

切成碎末或薄片，随意使用，非常方便

大蒜，是意大利料理中不可或缺的食材。橄榄油和切碎大蒜调制成的油，几乎是意大利料理所不能缺少的必备材料。蒜香橄榄油是将大蒜切碎后，加入橄榄油稍加浸泡而成，制作简单，所以请大家先行做好备用，以方便活用于各种料理之中。

如果只想将大蒜的香味运用于料理，可以只使用蒜香橄榄油中上层清澄的部分。因为大蒜的香味具有促进食欲的功效，所以可以运用到相当多的料理中。不只是增添料理的风味，同时还可以有效地消除鱼腥味。

蒜香橄榄油加热时，注意以小火避免烧焦，并仔细炒出香气。

第3章
意大利面

烹调意大利面之前

煮意大利面的重点

虽然意大利面各式各样，但基本的煮法却不会改变

烫煮意大利面需在大量的热水中加入盐

烫煮意大利面时，需准备意大利面量10倍的热水和相对于此1%的食盐，这是最基本的煮法。例如煮200g意大利面时，必须准备2L以上的热水和20g的盐。长形面要用筒状深锅，短形面和现做意大利面则用浅锅来煮较为适合，长形意大利面放入锅中后，必须等面自然地沉入锅中。短形意大利面在放入锅中之后，要立刻以木勺等混拌，避免粘结成块。

长形意大利面的烫煮时间，必须连同接下来与酱汁混拌的时间都列入考量，因此在烫煮过程中捞取1根面条来确认硬度，同时可参考包装袋上所标示的时间，比标示时间略早1～2分钟即可捞起。烫煮短形意大利面时，需要较仔细地烫煮，否则会留下硬芯，因此短形意大利面则是依标示时间来烫煮。

烫煮时间和意大利面的变化

~ 烫煮时间为12分钟的意大利面 ~

5分钟

还没煮好！！
用木勺捞起时会很滑顺地掉入锅中。另外，也还看得到残留的面芯，一看就知道面条还是硬的。

10分钟

弹牙！！
意大利面不会滑落，还稍留有弹性的状态，即是弹牙口感之前。看断面，面条中央还留有细细的面芯。在这种状态下尽快与酱汁拌匀。

15分钟

煮过头了！！
每根面条都膨胀起来。用木勺捞起时可以完全感受到面条的重量。

烫煮时的一点点小要领

1.相对于1L的水，盐标准用量为10g

在烫煮意大利面时加入的盐，是为了预先调味。尽可能采用粗盐。

2.保持意大利面能够对流的烫煮

烫煮干燥长形意大利面时，若在放入后立即混拌，有可能会将面条折断，所以等到面条自然沉入锅中后，再轻轻地搅动混拌。随时保持锅中热水沸腾的状态。

3.要沾拌酱汁，必须在面条煮至产生弹牙口感之前

因余温也在加热面条，所以在煮长形面条时，要比标示的烫煮时间提早1～2分钟捞出。短形意大利面在仔细地烫煮后，酱汁才会较容易沾裹上面条。

Spaghetti al pomodoro

茄汁意大利面

番茄的酸味十足，是意大利面的王牌组合！

茄汁意大利面

材料（2人份）

蝴蝶面	160g
辣椒油	160g
香芹	1 根
盐、胡椒	适量

番茄酱汁的材料

水煮番茄	300g
洋葱	300g
蒜香橄榄油	1 大匙

Point

水煮番茄用网筛过滤。

所需时间
30分钟

01 将水煮番茄用网筛过滤。用刮勺压碎番茄并仔细地按压过滤。

02 粘黏在网筛另一面的番茄也要用刮勺刮取下来。Ⓟ将洋葱切碎。

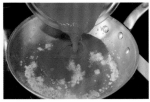

03 加热平底锅中的蒜香橄榄油，待香味散发出来后加入洋葱拌炒。当洋葱炒软后再加入水煮番茄。

04 放入盐作为基本调味，将锅中的材料熬煮成2/3的量。Ⓟ水煮番茄罐头会因制造厂商不同而有不同的浓度，因此将其熬煮成果泥状即可。

05 在锅中放入大量的水和所需分量的盐（请参考P22），煮至沸腾。

06 烫煮蝴蝶面。Ⓟ蝴蝶面是要品尝中间和周围不同的口感，所以最好煮至中央部分留有弹牙感的程度。

07 等蝴蝶面煮好后捞起沥干，加入步骤04的平底锅中。

08 加入1汤匙的面汤到步骤07的平底锅中，迅速混拌。

09 以盐、胡椒加以调味，淋上辣椒油。

10 边摇晃平底锅边用刮勺混拌，使其乳化。盛放至盘中，点缀上香芹，完成。

茄汁拌螺旋面搭配玛斯卡邦奶酪

Fusilli con salsa di pomodoro

材料（2人份）

螺旋面	160g
番茄酱汁	150g
草虾	6只（240g）
红辣椒	1/2 根
玛斯卡邦奶酪	4 大匙
意大利芝麻菜	1 ~ 2 株
蒜香橄榄油上层清澄的油	1.5 大匙
盐、胡椒	适量

所需时间
30分钟

Point

草虾爆香。

01 取出草虾背上的泥肠，在虾壳上划出切痕放置在浅盘上。草虾上撒盐，使其均匀轻裹。

03 将意大利芝麻菜切成宽5mm大小。在锅中放入大量的水和所需分量的盐（请参考P22）使其沸腾后，烫煮螺旋面。

05 在步骤04中加入番茄酱汁混拌。捞出烫煮好的螺旋面沥干水分。

02 用布巾或厨房纸巾等擦拭草虾上释出的水分。

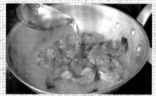

04 在平底锅中放入1大匙的蒜香橄榄油加热至冒烟的高温，将虾拌炒至呈红色。加入红辣椒后继续拌炒，再加入煮面的汤。

06 将螺旋面倒入步骤05的平底锅中，边摇晃边混拌。盛盘之后，将意大利芝麻菜和玛斯卡邦奶酪一起放在盘上加以装饰。

蒜香番茄鳀鱼面

Spaghetti alla puttanesca

材料（2人份）

水管面	160g

酱汁材料

番茄酱汁	150g
鳀鱼	2片（10g）
黑、绿橄榄（带核）	各4颗
白葡萄酒	20mL
红辣椒	1/2 根
鸡高汤	60mL
酸豆（醋渍）	15g
蒜香橄榄油	2 大匙
荷兰芹	1 大根
EXV 橄榄油	1/2 大匙
帕马森干酪（磨成粉状）	10g
盐、胡椒	适量

所需时间 30分钟

01 除去红辣椒的椒蒂和籽。⑭将荷兰芹切碎备用。

02 将红辣椒倒拿轻敲即可使籽顺利掉出来。Ⓟ一旦沾湿后就无法顺利取出籽了，所以务必在干燥状态下进行。

03 在平底锅中加热蒜香橄榄油，至冒泡时再加入红辣椒。

04 在步骤03的平底锅中加入酸豆和鳀鱼。边拌炒边用刮勺压碎鳀鱼。

05 为消除鳀鱼的腥味加入白葡萄酒，加热使酒精成分挥发。⑭加入葡萄酒后再加入鳀鱼时，鱼腥味会变得更重。

06. 加入橄榄后轻轻混拌。

11. 在水管面自动沉下前不要搅动面条，注若硬是将面按压下去，面条很可能会被折断。

16. 放进切碎的荷兰芹，浇淋上EXV橄榄油后熄火。

07. 倒入番茄酱汁（参考P96）、鸡高汤，并用刮勺充分拌匀。

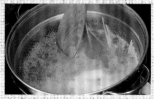

12. 当水管面适度地沉下之后，要不时地用木勺等轻轻混拌。

17. 撒上帕马森干酪，摇晃平底锅使酱汁与水管面充分混拌。

08. 放盐、胡椒加以调味烹煮。

13. 待水管面烫煮好时，加入步骤08的平底锅中，轻轻拌匀。

Mistake!
意大利面变成一截截的

烫煮意大利面时，在面条沉入锅中前用力混拌或是在面条变柔软之后过度用力混拌，都会造成面条断裂。另外，在平底锅中混拌时，不要使用筷子而应该用刮勺或木勺等，摇动锅使酱汁混拌较佳。

09. 在锅中放入大量的水和所需分量的盐（请参考P22），煮开。将水管面垂直握住，以扭转中央。

14. 在平底锅中加入约1汤匙面汤。

在成为这种状态前，不要搅拌意大利面。

10. 放入沸腾的热水中，手迅速地离开。

15. 撒上盐、胡椒。注因为鳀鱼和面汤中都已经含有盐分了，所以请注意不要加入过多的盐。

在加入面汤后如果没有快速混拌，做成之后就会变得像乌龙面一样。

坎帕尼亚大区的料理和特色

在古罗马被称为"极乐之地"的阳光与大海的乐园

坎帕尼亚大区
那不勒斯

该大区主要特产

1.蔬菜

6～8cm左右细长形圣马泽诺（圣女果的一种）的品种最有名。除此之外，茄子、罗勒、笋瓜等也都有着丰富的产量。

2.马苏里拉奶酪

是番茄奶酪沙拉和比萨不可或缺的食材。只有在特定地区制作100％水牛制品才会被D.O.P所认可。

3.鱼贝类

由第勒尼安海可捕获到丰富的沙丁鱼、章鱼、淡菜等。圣诞节的时候还会食用鳗鱼。

其他物产

洋蓟、栗子、香菇类、黑橄榄等也是特产。意大利南部唯一顶级葡萄酒产区的图拉斯葡萄酒的人气也在急遽上升中。

这些是具代表性的料理

那不勒斯比萨

面皮边缘隆起且稍有焦色，就是那不勒斯比萨的特色。

蒜香番茄鳀鱼面

可以利用家庭中常有的材料简单地完成，是最具"妈妈的味道"的意大利面的代表。

番茄水煮海鲜

以一整条白肉鱼水煮而成。正是鱼贝类丰富的坎帕尼亚大区才有的料理。

使用了鱼贝类和蔬菜，简约朴实的"妈妈的味道"

坎帕尼亚大区的首府就是世界最为美丽的三大海岸之一的那不勒斯，有着广为人知的卡布利岛的"蓝洞"和古罗马时代的遗址庞贝古城。这是一个保留着众多世界遗产的风光明媚的地方。

那不勒斯是在公元前7世纪左右，由希腊移民所开发的殖民地城市。坎帕尼亚大区的名产马苏里拉奶酪和葡萄酒的酿造方法，也都是希腊人带来的。之后，从西班牙传入的番茄到了坎帕尼亚大区后，遇上了比萨和意大利面，成就了现在的料理的风味。

坎帕尼亚大区的料理简约而朴实，由口味浓重的番茄和第勒尼安海所捕获的鱼贝类构成。这样的料理即使每天吃也不会厌倦，就像妈妈亲手做的一样，会勾起您莫名的乡愁。

Spaghetti aglio, olio e peperoncino

香蒜辣椒意大利面

看似简单却被称为最有味道的意大利面。

香蒜辣椒意大利面

材料（2人份）

意大利细面	160g
大蒜	2片（20g）
红辣椒	1根
香芹	3根
橄榄油	40mL
EXV 橄榄油	10mL
盐、胡椒	适量

01 除去红辣椒的椒蒂和籽，放入装满温水的盆中浸泡使其软化。注如果没有浸泡，直接切开时会切碎。

02 切开大蒜的一端。用牙签柄戳刺未切开的一端，刺出中央的芽芯。

03 将大蒜切成可以看得见刀刃但不破碎的薄片。

04 将步骤01的红辣椒剪成圈状。P手和剪刀用毕后立刻洗净。

06 在锅中放入大量的水和所需分量的盐（请参考P22），在开水锅中放入意大利细面烫煮。

07 待步骤05的大蒜拌炒之后，用网筛捞起，使油脂沥干至盆中。准将香芹切成粗碎末。

08 以大火加热平底锅并放入步骤07的油脂、步骤04的红辣椒、半量的香芹和1勺面汤，充分拌匀。

09 将煮好的意大利细面加入步骤08之中，用刮勺充分混拌。边摇动平底锅边浇淋上EXV橄榄油。

05 加热平底锅中的橄榄油至散发出香气，加入步骤03的大蒜拌炒至呈均匀的淡黄色。

10 用盐、胡椒加以调味，混拌完成。盛盘后，再用剩余的香芹和步骤05的炸蒜片加以装饰。

Point

在混拌意大利面前，先使酱汁乳化。

所需时间
20分钟

102

香蒜辣椒意大利面的配菜

香蒜辣椒意大利面再加上不同的材料就会有更多的变化

柠檬皮+圆白菜+鳀鱼

材料

柠檬皮⋯⋯⋯⋯1/6 个
圆白菜⋯⋯⋯1 片 +1/2 片（75g）
鳀鱼（片状）⋯1 片（5g）

柠檬皮切成丝状。圆白菜分切成 2cm 宽，与意大利面一起烫煮 2 分钟。鳀鱼切成粗粒状。摆放在盐分稍减的香蒜辣椒意大利面上即可。

乌鱼子+吻仔鱼+荷包蛋

材料

乌鱼子⋯⋯⋯⋯15g
吻仔鱼⋯⋯⋯⋯2 大匙
荷包蛋⋯⋯⋯⋯2 个

将乌鱼子切成薄片。将乌鱼子和吻仔鱼摆放在稍加控制了盐分的香蒜辣椒意大利面上，最后再放上荷包蛋。

培根+番茄干+炸洋葱+奶油

材料

培根⋯⋯⋯⋯⋯2 片（40g）
番茄干⋯⋯⋯⋯10g
炸洋葱（市售品）⋯2 大匙
黄油⋯⋯⋯⋯⋯5g

在平底锅中加热黄油，将切成棒状的培根煎成香脆状。番茄干纵向对切。将所有的食材摆放在香蒜辣椒意大利面上即可。

生火腿+意大利芝麻菜+小番茄

材料

生火腿⋯⋯⋯⋯2 片（16g）
意大利芝麻菜⋯2 颗
小番茄⋯⋯⋯⋯6 个（60g）

将小番茄去蒂纵向对切，生火腿切成 2cm 宽。意大利芝麻菜分切成 5mm 宽。所有的材料摆放在香蒜辣椒意大利面上即可。

乳化与意大利面完成时的关联

在意大利面酱汁中加入煮面汤，有其科学根据

乳化的过程

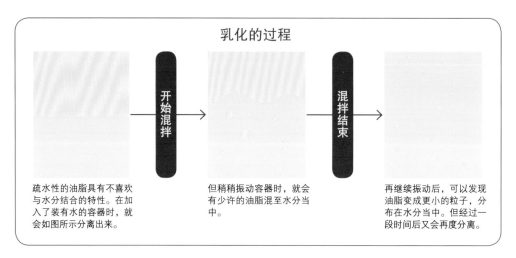

开始混拌

混拌结束

疏水性的油脂具有不喜欢与水分结合的特性。在加入了装有水的容器时，就会如图所示分离出来。

但稍稍振动容器时，就会有少许的油脂混至水分当中。

再继续振动后，可以发现油脂变成更小的粒子，分布在水分当中。但经过一段时间后又会再度分离。

意大利面酱汁会有如此的变化！

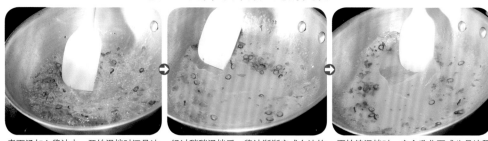

煮面汤加入酱汁中。开始混拌时还是油腻腻的状态。

经过稍稍混拌后，酱汁渐渐变成白浊的颜色。

再持续混拌时，完全乳化而成为具浓稠度的酱汁，完成。

意大利面美味与否的关键就在于煮面汤汁

烫煮完成的意大利面在拌入平底锅时，稍稍加入煮面汤，边摇动边使其与酱汁融合。这样的作业称之为乳化，也就是使原本无法混合的水和油脂可以混合的状态。

沙拉酱与蛋黄酱也是以同样的原理制成的。话虽如此，沙拉酱汁在经过一段时间之后，油水仍会分离，但意大利面则不会有这种情况。为什么呢?这是因为加入酱汁中的面汤里含有可以安定乳化作业的蛋白质的缘故。

蛋白质可以增添意大利面的风味，在酱汁中添加煮面汤是必不可少的程序。虽然只是煮面汤，却能提升意大利面的美味。

Lasagne

意大利千层面

层层叠叠的意大利美味。

意大利千层面

材料（2人份）

千层面……………………6片
肉酱酱汁（请参照 P130）
……………………………250g
杏鲍菇（大）……… 1根+2/3根（70g）
马苏里拉奶酪………1/2 个（50g）
帕马森干酪（磨成粉状）
……………………………15g
罗勒叶………………………3 片
黄油………………………10g

黄油白酱的材料

黄油………………………15g
低筋面粉（过筛备用）
……………………………15g
牛奶…………………………300mL
盐、胡椒、肉豆蔻（粉末）
……………………………各适量

01 杏鲍菇切成一半，再将其各切成5mm的厚度。

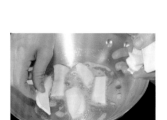

02 在平底锅中加热奶油至稍有颜色出现时，将杏鲍菇排放至锅中煎黄两面。

03 将杏鲍菇移至铺有厨房纸巾的浅盘中，吸干油脂。

04 将马苏里拉奶酪切成5mm的方块。

05 在锅中放入大量的水和所需分量的盐（请参考P22），煮开。

06 制作奶油白酱。在锅中倒入奶油，待其完全溶化后加入低筋面粉。

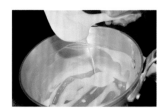

07 如照片所示用刮勺拌炒2～3分钟，拌炒至材料呈现光滑且颜色均匀的状态。

08 锅离火后倒入牛奶，并用刮勺刮落粘黏在锅底和侧面的面糊。

09 再次加热步骤08的锅，使其不要产生硬块，用打蛋器快速混拌。

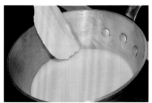

10 ⓟ酱汁会粘黏在锅的内侧，所以一定要用刮勺仔细地将酱汁刮落。稍稍沸腾使酱汁中的面糊可以完全溶化。

Point

奶油白酱制成稍柔软的状态。

所需时间
50分钟

11 当煮至出现浓稠度时，即可熄火，加入肉豆蔻、盐、胡椒等混拌后盖上锅盖。ⓟ如果不盖上锅盖，表面就会有薄膜形成。

16 如果肉酱酱汁变硬，可以再放回锅中加热，调整浓度。

21 在步骤20的千层面上，再涂上1/3肉酱酱汁、依序放上1/3量的杏鲍菇、马苏里拉奶酪，再摆放上千层面，重复此动作。

12 烫煮千层面。在步骤05装满热水的汤锅中，一片片地放入千层面。

17 在耐热容器中涂上橄榄油（用量外），再薄薄地全部涂满步骤11所制作的黄油白酱。

22 最后以奶油白酱覆盖全体，撒上帕马森干酪。

13 煮至快到标示时间时，以木勺捞起，用手指按压。指甲很容易掐断千层面时，就可以捞出了。

18 在黄油白酱上放置1片千层面，以容器的大小来决定放置的材料的多寡。

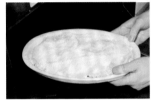

23 在预热至250℃的烤箱烘烤约15分钟，烤至稍有焦色。过一会儿再拿出烤盘。

14 千层面捞出后，放进装满冰水的盆中冷却。

19 在千层面上涂抹上1/3的肉酱酱汁，再放上1/3量的杏鲍菇和1/3量的马苏里拉奶酪，撒放上切碎的罗勒叶。

Mistake!

千层面皮有破洞！

千层面煮得过久，用夹子将面夹出时，容易夹出破洞。可以改用木勺或平面状的用具来捞取。

15 待千层面冷却，放置在布巾上吸干水分。

20 在步骤19的容器上摆放上第2片千层面。视容器大小随机排放。

用长筷或汤匙等碰触千层面皮时造成破洞。

利用压面机来制作千层面

能快速地做出新鲜意大利面的压面机的使用方法

添加菠菜的千层面

（2 人份）

做起来更方便的压面机
可以做出12～15mm厚度的意大利面皮。分手动和电动的两种，手动的价格大约是100元人民币左右，电动的则较为昂贵。

材料（8片份）

高筋面粉	60g
鸡蛋	1/2 个（20g）
菠菜叶	20g
盐	1 小撮

制作方法

❶菠菜煮至用手指可碾碎的柔软程度，沥干水分切碎。❷在盆中加入盐、蛋液、高筋面粉，加入步骤①的材料用叉子混拌。❸将步骤②移至工作台上，将面团揉搓至表面呈现光滑状。❹将步骤③用保鲜膜包起放至冷藏室中静置约 20 分钟。❺以擀面棒将步骤④的面团擀压至 1cm 的厚度。❻压面机的厚度调整至最厚的状态，放入面皮碾压。❼将面皮碾压成原来的一半厚后，再重复碾压成之前第一次厚度的一半。❽将面皮折整齐后，转向 90°，再重复地以擀面棒擀压成1cm 的厚度。再度使用压面机，碾压至面皮厚度为1 ～ 2mm 为止。

❶菠菜水煮后如果没有切碎，制成意大利面的颜色就不会均匀漂亮。

↓

❷如照片所示，面团出现光泽后，用保鲜膜包妥，放至冷藏库静置冷却。

↓

❹将面皮折叠起来。如果直接一次就调整到很薄的状态来碾压，面条容易变得破破烂烂。

❸用压面机碾压时，绝对不可以用力拉扯面皮。

经过很多次转动后碾压出的面皮

　　压面机是可以碾压、切开手制意大利面的机器。像千层面这样的平板状意大利面是不需要切割的，只要转动机器的把手即可完成。像意式干面这样的宽板面，也可以依面的宽度设定裁刀。

　　用压面机制作千层面时，首先一边撒上面粉一边用擀面棒将面团擀压开。机体上有可以调节厚度的转盘，所以第一次以最厚的刻度来碾压。碾压成原厚度的一半后，再碾压至现厚度的一半，之后将面皮折叠起来，改用擀面棒擀压。再次使用压面机，从最厚的刻度开始，最后碾压成1～2mm的厚度。想要一次就碾压完成，会有厚度不均匀或破损的状况产生，所以必须多加留意。

沙拉意大利冷面

天使发细面的弹性和口感让人赞不绝口。

沙拉意大利冷面

材料（2人份）

天使发细面…………………150g
小番茄…………………6 个（60g）
罗勒叶……………………1 片
生菜……………………1 片（20g）
黑、绿橄榄（带核）……各 2 颗
水煮蛋………………1 个（60g）
油渍金枪鱼…………………100g
酸豆（醋渍）……1/2 大匙（5g）

沙拉酱汁的材料

柠檬汁…………………15mL
白酒醋…………………15mL
EXV 橄榄油 ………………50mL
盐、胡椒………………适量

Point

天使发细面一定要沥干水分。

所需时间 50 分钟

01 将小番茄的绿蒂周围切除，去蒂。ⓟ按压着刀尖，连同绿蒂一起去除掉硬芯。

02 将取下绿蒂的番茄对切。

03 水煮蛋切成角状的8等份，接着再转向90°对半切开。㊟蛋黄朝上切时，会造成蛋黄的破碎。

04 生菜用手撕成方便食用的大小，再浸泡在装有冰水的盆中。泡至爽脆口感，再捞出沥干，放至冷藏柜冰镇。

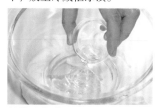

05 制作沙拉酱汁。如P34的步骤01～02所示将盆倾斜并加以固定，在盆中放入白酒醋。

06 接着倒进柠檬汁，撒上盐、胡椒。㊟意大利面用水冷却时会消除盐分，所以在此可以多放一点盐。

07 用打蛋器混拌，同时以滴垂方式加入EXV橄榄油。

08 手制油渍金枪鱼的作法，请参考P112制作。使用市售油渍金枪鱼时，请将油分沥干。

09 在锅中放入大量的水和所需分量的盐（请参考P22），煮开。

10 烫煮天使发细面。ⓟ制作意大利冷面时，请烫煮较长时间至中间硬芯完全消失。

11 天使发细面烫煮完成时，将其全部倒入装满冰水的大盆中，冷却冰镇。

16 将油渍金枪鱼加入步骤15的盆中。

21 将罗勒叶片切丝，加入步骤20的盆中。

12 Ⓟ为了能让细面的芯都能冰镇到，浸泡时要不断地混拌使其可以完全冷却，同时还可以产生弹性。

17 接着倒下步骤14的天使发细面。

22 不要使材料粘黏结块，将其拌匀。试试味道再调整盐和胡椒的用量，以夹子夹起盛盘。

13 意大利面冷却后，可以利用沙拉旋转盆沥干水分。

18 适度地浇淋上步骤07所制作的沙拉酱汁。

Mistake!

意大利面看起来外观不佳……

如果没有将意大利面的水分充分沥干时，做出来的面就会有水水的感觉。另外，将水煮蛋分成2等份，最后再切成8等份时，如果将蛋黄朝上分切，就会切得支离破碎。所以要将蛋黄朝下分切才能切得漂亮。

在切水煮蛋时，使用刀刃较薄的水果刀或细线来分切。

14 以滤网滤干水分时，最后要按压天使发细面帮助沥干。Ⓟ因面具有弹性，所以即使按压也不会被压断。

19 用刮勺大致混拌。㊟意大利面调好味后，再加入叶菜类，否则叶片会粘黏结块。

15 在盆中放进小番茄、水煮蛋、酸豆和橄榄。

20 将步骤04的生菜加入步骤19的盆中。

如果一直用手接触意大利面，其会因为手的温度而变温，所以必须迅速地沥干。

油渍金枪鱼的制作方法

可以活用于各种料理的金枪鱼制作方法

油渍金枪鱼（100g的量）

材料

金枪鱼	100g
水	500mL
粗盐	50g
百里香	1枝
月桂叶	1片
EXV 橄榄油	100mL 以上
黑胡椒	适量

制作方法

❶将金枪鱼分切成3cm大小的方块。❷在锅中加入水和粗盐，并保持在75℃。❸在步骤②的锅中放进步骤①的材料，保持温度烫煮20分钟。❹将百里香、月桂叶、黑胡椒和EXV橄榄油都放进保存容器中，将步骤③的水分擦干后一起放入，置于冷藏柜半天以上。

可以应用的料理

放入沙拉、番茄酱汁或橄榄油酱汁的意大利面中，都能增添风味。

在沸水中加入粗盐，保持75℃放入金枪鱼，约20分钟使其内部完全熟透。

EXV橄榄油、黑胡椒、香草类等都放入密闭容器中。将月桂叶撕开后放入，可以使香味更容易散发出来。

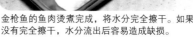

金枪鱼的鱼肉烫煮完成，将水分完全擦干。如果没有完全擦干，水分流出后容易造成缺损。

Point

烫煮的火力过强时，会使鱼肉变得干硬，所以保持温度使鱼肉能被煮得润泽爽口。

完成

将金枪鱼放置于密闭容器中，放置冷藏柜半天以上就可以食用了。这样的状态可以保存1周左右。

保持温度慢慢煮熟鱼肉

在西西里或萨丁近海捕获，能运用于各种料理的金枪鱼，是意大利最为普遍的食材。油渍金枪鱼或水煮加工品也都相当常见，经常运用在各种意大利面、意式三明治、沙拉等料理中。

油渍金枪鱼也可以用鲣鱼制作，只要将鱼肉用盐水煮过，浸泡在油品中即可，所以若能事先做好备用就非常方便。

制作油渍金枪鱼时的重点在于，不能用热水煮过头。金枪鱼的鱼肉急速地用热水加热时，会产生干硬的口感。水温大约在75℃是最好的，保持这样的温度，慢慢地将鱼肉煮熟，约20分钟。

放入保存容器后，约在冷藏柜放置半天即可食用。

奶油风味宽板面

手工制成的新鲜意大利面的柔软口感让人爱不释手。

奶油风味宽板面

材料（2人份）

意大利宽板面的材料
高筋面粉·············90g
鸡蛋·············1个（40g）
盐·············1小撮
面粉·············适量

酱汁的材料
圆形火腿片·············2片（40g）
洋菇·············5颗（35g）
西兰花·············1/7株（30g）
白葡萄酒·············25mL
鸡高汤·············60mL
鲜奶油·············60mL
帕马森干酪（磨成粉状）
·············15g
橄榄油·············1大匙
黄油·············15g
盐、胡椒·············适量

01 制作意大利面的面团。在盆中放入高筋面粉、鸡蛋、盐，用叉子轻轻混拌。

02 混拌至稍稍成形，再将材料取出放在工作台上。用刮板将残留在盆中的面团全部刮至工作台上。

03 将面团揉搓至表面呈光滑状态。℗用较灵活的那只手掌来揉压，一边转动面团一边揉搓。

04 揉搓至照片般出现光泽时，包上保鲜膜后放入冷藏柜静置约20分钟。

05 在西兰花茎部划出十字切痕后，再分切成小株。

06 用刷子刷落洋菇表面的脏污。㊟用水洗时洋菇容易变色。

07 切除洋菇轴底变色的部分，将洋菇切成2mm的宽度。

08 圆形火腿片对切后，将火腿片纵切成3mm的宽片。

09 从冷藏柜取出面团，放在撒有面粉的工作台上，并在面团上撒上面粉。

10 由面团的中央向上推压擀面棒，之后再将擀面棒向下推压，推压成均匀的厚度。

11 将面团擀成1～2mm的厚度。
Ⓟ在擀压的同时，一边变化角度一边压擀，比较容易擀成均匀的厚度。

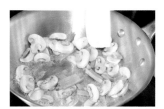

16 制作奶油酱汁。在平底锅中加热橄榄油和10g的黄油，轻轻拌炒圆形火腿片、洋菇。

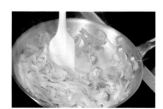

21 在平底锅中加入5g黄油，边摇动平底锅边用刮勺均匀混拌。
Ⓟ当水分不足时再用煮面汤调节。

12 最后将面团擀压成长25cm的长方形。

17 在步骤16的平底锅中加入白葡萄酒，拌炒至酒精成分挥发，再倒入鲜奶油和鸡高汤，用刮勺混拌。

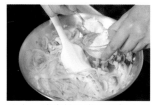

22 熄火，并将帕马森干酪加入步骤21的平底锅中。

13 让面皮在工作台上放置约5分钟。等表面稍稍干燥一点，将面皮折成4折。

18 在锅中放入大量的水和所需分量的盐（请参考P22），在煮开的水中加入宽板面和西兰花，约煮2分钟。

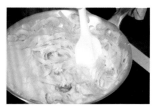

23 用刮勺迅速地拌匀并使其溶入。确认味道和浓度后，盛盘。

14 在撒有面粉的砧板上将面皮切成8mm的宽度。切完后将面打散，均匀撒上面粉再放置5～10分钟。

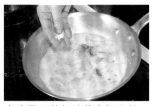

19 在步骤17的奶油酱中加入盐、胡椒充分拌匀。

Point

方便宽板面醒发的工具

宽板面切后静置醒发时，使用意大利面面架更方便。手制意大利面可以一根根地挂在木棒上，使其干燥静置。

以此方法完全干燥，可以保存1～2个月。

15 用压面机制作。将机器调整成宽幅8mm的切割面团。接着放置在工作台上约5～10分钟。

20 当意大利面煮好之后沥干水分，加进步骤19的平底锅中。

探寻南北意大利面

北部和南部的意大利面种类各不相同

北部出产的意大利面

特色

用小麦、水和鸡蛋制成的手工意大利面，吃起来有着柔软的口感。威尼托大区还有用面粉和全麦面粉制成的，称之为Bigoli的面条。

意大利宽面

菱形面

特飞面

北部特有的面

千层面　　　　　　培根蛋面

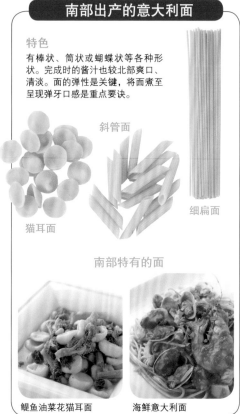

南部出产的意大利面

特色

有棒状、筒状或蝴蝶状等各种形状。完成时的酱汁也较北部爽口、清淡。面的弹性是关键，将面煮至呈现弹牙口感是重点要诀。

斜管面

猫耳面

细扁面

南部特有的面

鳗鱼油菜花猫耳面　　海鲜意大利面

从口味上来看北部浓厚、南部清爽

　　干燥意大利面，使用的是小麦中非常硬质的粗粒小麦粉。原本是阿拉伯人在沙漠旅行时的食物，据说在12世纪初才流传至意大利的西西里岛。西西里岛因为有着适合栽植硬麦的气候，所以干燥意大利面就以意大利南部为中心，成为其生活的一部分。

　　18世纪后，由于制面机和干燥机的发明，产生了长形意大利面、短形意大利面等各种形式的干燥意大利面。

　　另一方面，干燥意大利面的技术并没有传至意大利北部，因气候更适宜栽植软质小麦，所以利用软麦和鸡蛋制作出的软质手工意大利面是其主流。手工意大利面也以家庭风味而闻名，成为祖传的风味。

鳀鱼油菜花猫耳面

耳朵形状的意大利面与葡萄干的风味别具特色。

鳀鱼油菜花猫耳面

材料（2人份）

猫耳面的材料

粗粒小麦粉	130g
橄榄油	1匙
面粉	适量
盐	1小撮

酱汁的材料

油菜花	1/4把（50g）
葡萄干	3大匙
松子	2大匙
鳀鱼（片状）	1片（5g）
鸡高汤	100mL
大茴香子	1/2小匙
蒜香橄榄油	1大匙
白葡萄酒	30mL
EXV橄榄油	1大匙
盐、胡椒	适量

Point

猫耳面制作时，注意厚度和大小一致。

所需时间
50分钟

01 在盆中放入粗粒小麦粉，加入橄榄油、盐和60mL的温水（用量外）。

02 用叉子搅拌。

03 混拌至稍稍成形时，再将材料取出放在工作台上，用刮板全部刮下后如P114步骤03的要领揉搓面团。

04 以手掌根部将面团向前推压揉搓面团。℗仿佛要将粘附在工作台上的面团一起黏起来地推压揉搓。

05 将面团搓至照片般光泽为止。注如果过度揉搓至出筋，表面会产生裂痕。

06 面团用保鲜膜包妥后放至冷藏柜中静置约20分钟。

07 在冷藏柜中完成静置的面团，分切成适当大小的块状。

08 将步骤07分切好的面团揉成宽1.2cm的棒状。℗将其推展成均匀的粗细。

09 揉搓成棒状，分切成宽7mm的小段。℗移动小段面团，捏住两端使其略略呈圆形。

10 分切面团的切口朝上，大拇指轻轻按压面团。℗手指若粘黏面团，可以稍稍撒上面粉。

11 拇指按压，顺势将面团拉至身前。

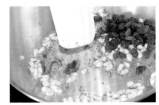

16 拌炒时将鳀鱼捣碎。

21 待猫耳面和油菜花烫煮好之后，加入步骤18的平底锅中。

12 左手的拇指与食指固定向右手拇指推，使面团隆起成为耳壳的形状，让猫耳面不会粘黏，平放在工作台上。

17 当拌炒至葡萄干胀大后，倒入白葡萄酒并加热至酒精成分挥发。

22 在步骤21的平底锅中浇淋上EXV橄榄油。

13 制作酱汁。将油菜花切成4cm的长段。

18 倒入鸡高汤，撒上盐、胡椒，并用刮勺拌匀。

23 边摇动平底锅边用刮勺混拌使酱汁乳化。水分不够时可再添加煮面汤。

14 在平底锅中加热蒜香橄榄油，放入松子和大茴香子拌炒至散发出香气。

19 在锅中放入大量的水和所需量的盐（请参考P22），在煮开的热水中加入猫耳面，约煮4分钟。

Point

无法漂亮地完成猫耳面的形状

猫耳面隆起成形的技巧是，用左手拿面团，用右手的拇指边按压边做出隆起的形状。出现部分隆起是最完美的。

仿佛要包覆起右手拇指般地以左手按压就是要领。

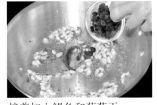

15 接着加入鳀鱼和葡萄干。

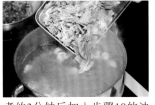

20 煮约3分钟后加入步骤19的油菜花。

试着用鳀鱼来制作调味品吧

可以大量制作，并活用于料理的提味

❷将水分充分擦干后，撒上大量的盐，排放在稍呈倾斜状的浅盘中，再度撒上盐，接着以保鲜膜包覆后静置于冷藏柜中约30分钟。

鳀鱼（100g的量）

材料

鳀鱼（小）…………… 10 条
EXV 橄榄油 …………100mL
盐…………………………适量

制作方法

❶参考 P70 的步骤 01~04，去除鳀鱼的头部和内脏。将头部朝右或右上的位置，将刀子切入头部至中央鱼骨的位置。沿着中央的鱼骨滑动刀子。左手轻压鱼身片下鱼肉。将鱼翻面后，以相同的方法取下另一片鱼肉。最后将鱼分切成 3 片。

❸将沙丁鱼清洗干净，用厨房纸巾擦干水分后剥除鱼皮。

完成

❹在煮沸消毒过的容器中放入橄榄油和沙丁鱼。放置 2 周以上即可食用，若放置 2 个月使其熟成，风味会更好。

美味的前提——事前的准备工作

　　最初，渔夫们由于大量捕获鳀鱼不能及时食用完而深受困扰，于是他们发明了腌渍鳀鱼的做法，并以此作为副业。在意大利的市面上，有销售稍硬、以整条沙丁鱼盐渍而成的"盐渍鳀鱼"、"油渍鳀鱼"，还有泥状的"意大利面鳀鱼"等。意大利餐厅据说是每天仅剖杀当日用的沙丁鱼，并以橄榄油腌渍备用。

　　事前的准备工作虽然有点麻烦，但可以让您享受到自制鳀鱼的美味。最重要的是必须将鱼骨和鱼内脏切除，完全去除鱼腥味的操作。制作鳀鱼时使用粗盐等颗粒较为粗大的盐，咸味不会完全渗入鱼肉，这样才能做出咸淡刚好的成品。

Linguine alla pescatora

海鲜意大利面

使用了大量海鲜的高人气意大利面。

海鲜意大利面

材料（2人份）
细扁面……………160g
EXV 橄榄油………1 大匙
橄榄油……………2 大匙
草虾………………2 只（80g）
生干贝（扇贝柱）……2 个（60g）
墨鱼………………1/2 片（50g）
大蒜………………1/2 片（5g）
红辣椒……………1/3 根
白葡萄酒…………30mL
罗勒叶……………1 枝

番茄酱汁的材料
番茄（小）………3 个（300g）
洋葱………………1/10 个（20g）
芹菜………………1/10 根（10g）
罗勒茎……………1 枝
蒜香橄榄油………1 大匙
盐、胡椒…………适量

Point

鱼贝类以香炒而不是以焖熟的方式烹调。

所需时间
40分钟

01 番茄汆烫去皮。切除番茄蒂和周围部分。放入煮沸的热水中，转动番茄约浸泡5秒钟左右。

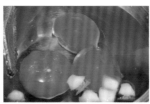

02 待番茄蒂周围的番茄皮卷起来时，捞出放入装有冰水的盆中冷却。

03 将番茄的水分擦干。从步骤01中切除番茄蒂的地方开始，利用刀子剥除番茄皮。

04 番茄皮剥下后对半横切，再以汤匙或叉子的柄端去除番茄籽。

05 制作番茄酱汁。将步骤04的番茄切成粗块状。

06 将芹菜切碎备用。

07 洋葱也切碎备用。

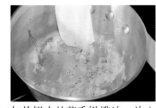

08 加热锅中的蒜香橄榄油，放入切碎的洋葱、芹菜、罗勒茎一起拌炒。

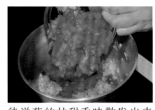

09 待洋葱的甘甜香味散发出来后，加入切好的粗块番茄。

10 在番茄上撒盐、胡椒轻轻混拌熬煮约10分钟。

11　在墨鱼片上切划出格纹形状，分切成1cm宽度的块状。Ⓟ切划出格花纹可以帮助酱汁沾裹。

12　将生干贝（扇贝柱）分切成4块。

16　锅中放入大量的水和所需分量的盐（请参考P22），煮至沸腾。

17　在步骤16的锅中烫煮细扁面。

21　当香气散发出来后，转为中火再倒入白葡萄酒，待酒精挥发，接着放进番茄酱汁混拌。

22　挑出大蒜、辣椒和罗勒茎。

13　在草虾的第2节虾壳处，刺入竹签，挑出泥肠。

18　将大蒜放在砧板上，轻轻压扁。Ⓟ不要太用力让大蒜碎掉。

23　将烫煮好的细扁面加进步骤22之中。

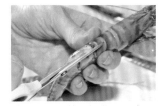

14　剪去虾足，剪开虾背上的壳。

19　加热平底锅中的橄榄油，放入步骤18中压扁的大蒜和取出了籽及蒂头的辣椒，约4～5分钟慢慢地加热。

24　用刮勺充分拌匀。Ⓟ水分不足时，可用煮面汤加以调节。

15　为方便食用，在剪开的虾壳处，稍稍地将虾壳摊开。

20　加入虾、扇贝柱（生干贝）、墨鱼、蛤蜊后，改以大火拌炒。Ⓟ尽可能用较大的平底锅使鱼贝类不致重叠。

25　熄火，浇淋上EXV橄榄油，摇动平底锅使食材充分混拌。盛盘后以切碎的罗勒叶加以装饰。

方便制作意大利面的工具

如果有适用于各种面条的工具会十分方便

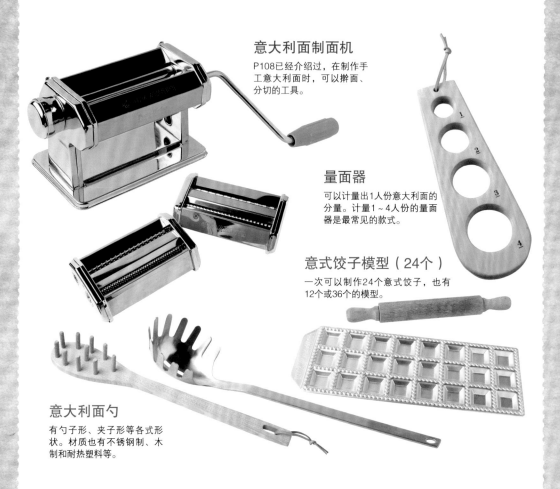

意大利面制面机

P108已经介绍过,在制作手工意大利面时,可以擀面、分切的工具。

量面器

可以计量出1人份意大利面的分量。计量1~4人份的量面器是最常见的款式。

意式饺子模型(24个)

一次可以制作24个意式饺子,也有12个或36个的模型。

意大利面勺

有勺子形、夹子形等各式形状。材质也有不锈钢制、木制和耐热塑料等。

让制作意大利面更方便的工具

　　制作意大利面时,至少需要一口煮意大利面用的深锅、计时器和意大利面夹。煮意大利面用的深锅,推荐大家用有沥网可沥干烫煮好的意大利面的锅形。夹子形的意大利面夹,除了可以在烫煮时夹起面条来确认以外,也是盛盘的重要工具。

　　还有几项工具如果能够备齐会更加方便。烫煮意大利面时,可方便掬起确认面条状况的意大利面勺。有木制、不锈钢制等各种材质的,现在市面上还有一些色彩鲜艳、造型可爱的工具。

　　量面器可以简单测量出1人份的意大利面量,也是很方便的工具。还有一些,比如可以用微波炉烫煮意大利面的容器,或是制作手工面条时用来干燥面条用的面架等。

培根蛋面

浓郁的酱汁沾裹上意大利面，绝妙好滋味。

培根蛋面

材料（2人份）

意大利面··················160g
意式培根··················70g
蛋黄··················1个（20g）
鸡蛋··················1个（60g）
帕马森干酪（磨成粉状）
··················20g
鲜奶油··················80mL
黄油··················10g
盐、黑胡椒（粗粒）···适量

意式培根的材料

猪五花肉··················1kg
盐··················20g

辛香料的材料

胡椒、月桂叶、百里香、迷迭香、杜松子、
牛至、鼠尾草（全都是干燥香草）
··················适量

※手工制意式培根约需1周的时间，所以
也可以使用市售产品。

Point

趁鸡蛋未凝固时与酱汁、
面条混拌。

所需时间
30分钟

※不含意式培根的制作时间。

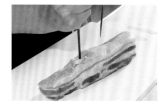

01 制作意式培根。在猪五花肉上用金属叉刺出无数的小孔洞。

02 在浅盘上，用盐涂满猪五花肉。接着也将所有的干燥香料涂抹在猪五花肉上。

03 ⓟ待肉整体变软后，猪肉的水分也会稍稍流出。

04 将网架斜置在浅盘上，把猪肉放上网架，直接放在冷藏柜中静置一个礼拜。如果过于干燥时可以在上面轻轻覆盖上铝箔纸。

05 将所需的意式培根切成5mm方形的棒状。ⓟ不要让切成的棒状中只有油脂或瘦肉，与肉质纤维以垂直方式分切。

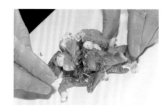

06 将掉落的香草撒在意式培根上。ⓟ撒在培根上的香草也一起烹调，可以增添香气。

07 制作酱汁。将鸡蛋和蛋黄放进盆中。

08 在步骤07的盆中倒入鲜奶油。ⓟ使用脂肪含量高的鲜奶油会更加浓醇。

09 将帕马森干酪也一起加入。

10 撒入盐和黑胡椒。ⓟ用可以调节粗细的胡椒研磨罐研磨出最粗的粗粒。

126

11　将步骤10的盆中充分搅拌，并将鸡蛋搅散。

16　待炒至如照片上的颜色并散发出香味，意式培根的表面酥脆中间柔软时，熄火。

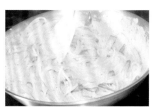

21　如照片所示，蛋液变白即表示乳化完成。盛盘，再撒上粗粒胡椒即可。

12　将盆放置在装满60℃热水的锅上隔水加热，温热酱汁。注热水的温度超过65℃以上，蛋液就会凝固。

17　意大利面烫煮完成后，加入步骤16的平底锅中。

13　在锅中放入大量的水和所需分量的盐（请参考P22），煮至沸腾后，再放入意大利面烫煮。

18　舀1瓢煮面汤汁加入锅中。

14　以中火加热平底锅中的黄油，炒香意式培根。

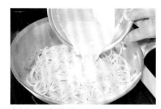

19　倒入蛋液酱汁。

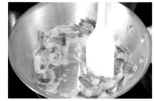

15　意式培根充分热炒过后会产生很棒的香气，所以必须仔细地拌炒。

20　立刻摇动平底锅并使用刮勺拌匀。ⓟ因为一加热就会造成结块，所以在此利用的是意大利面的热度和煮面汤汁的余温来加温蛋液酱汁。

Mistake!

培根蛋面结成了硬块！

　　酱汁利用意大利面的热度和煮面汤的余温来加热，所以必须迅速地完成。混拌意大利面和酱汁时若没有熄火，蛋液就会凝固而产生结块。另外，蛋液的温度过低也会降低平底锅内的温度，从而做成有蛋腥味的意大利面。

加入煮面汤后，水和油没有完成乳化而使成品的表面浮着一层油腻。

在混拌酱汁和意大利面时，若没有熄火就会做出鸡蛋凝固结块的意大利面。

精益求精地烹调意大利面

将意大利面煮出弹牙口感是最基本的要素，但也有例外

烹调意大利冷面类

依标示时间即可煮出弹牙口感

烫煮后以冰水冰镇意大利冷面，利用刹那冰镇的收缩来呈现弹牙口感。一定要沥干水分。只要面条中还残留一点点面芯，都会变硬，因此依照标示时间烫煮是最能享用美味的烹调方法。

长形意大利面的时间标示

酱汁和面在锅中混拌类

必须在标示时间前1~2分钟时起锅捞出

因在与酱汁混拌时，意大利面也同时会加热，因此要比标示时间提前不到2分钟时捞出。当然如果喜欢较柔软的口感，也可以依标示时间捞出面条。

酱汁和面在盆中混拌或是由上浇淋酱汁类

必须在标示时间前30秒至1分钟时起锅捞出

较标示时间略早（30秒~1分钟）捞出汤锅。在盛盘时也会因余温而使面呈现到好处的柔软度，因此略早捞出汤锅也没有问题。

烫煮好的意大利面放入冰水中，冰镇至面芯都冰透。

依意大利面的种类而调节烫煮方法

基本上意大利面要烫煮至中央略有面芯残留的"al dente（弹牙口感的状态）"最好。但依意大利面的种类，烫煮的时间也会多少有些变化。

一般长形意大利面只要遇热，立刻就会变得柔软，所以应该边煮边视其状况在标示时间前即捞出汤锅。但在烫煮短形意大利面和意大利冷面时，如果煮成较为弹牙，酱汁与面条反而不容易混拌，所以必须依照标示时间烫煮面条。

手工意大利面，也会依其干燥状况而有不同的煮面时间。需视状况烫煮成具有口感的意大利面。意式饺子等夹着馅料的意大利面，酱汁、柔软的意大利面以及内馅合而为一，正是其美味之所在，因此可以煮得稍微柔软一些。

肉酱意大利面

意大利面中最常见的一款！充盈着牛肝菌的美妙滋味。

肉酱意大利面

材料（2人份）

意大利面……………160g

肉酱酱汁的材料

洋葱………………1/5 个（40g）
胡萝卜……………1/8 根（20g）
芹菜………………1/7 根（15g）
干牛肝菌…………1 朵
综合绞肉…………150g
红葡萄酒…………30mL
水煮番茄…………150g
鸡高汤……………180mL
香芹………………1/2 根
百里香……………1 枝
月桂叶……………1 枝
蒜香橄榄油………1 大匙
EXV 橄榄油………1 大匙
黄油………………5g
帕马森干酪（磨成粉状）
……………………10g
盐、胡椒…………适量

Point

用大火炒香绞肉。

所需时间 80分钟

01　将干牛肝菌放入100mL的水（用量外）中浸泡约30分钟。泡开后拧干切碎，浸泡的汤汁留下备用。

02　在锅中加热蒜香橄榄油，待散发出香气后，加入切碎的洋葱、胡萝卜、芹菜一起拌炒。

03　炒至蔬菜有了炒色之后，在步骤02的锅中加入步骤01的牛肝菌碎丁。

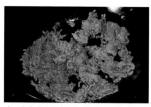

04　在平底锅中加热黄油，将绞肉炒香并炒成松散状。

05　全部拌炒香后，在步骤05中加入红葡萄酒，将粘黏在锅底上的绞肉刮下翻拌并使酒精挥发。

06　在步骤03的锅中加入步骤05的绞肉，加入过滤好的水煮番茄、鸡高汤、浸泡牛肝菌水上层的清澄部分。

07　在步骤06的锅中撒入盐、胡椒。再放进切出切口的月桂叶、百里香枝，约煮40分钟。

08　在锅中放入大量的水和所需分量的盐（请参考P22），煮至沸腾后烫煮意大利面。煮好后沥干水分放入盘中。

09　在步骤07的肉酱酱汁中加入盐、胡椒调味。取出月桂叶和百里香枝。

10　在步骤08的盘中淋上肉酱酱汁。再滴淋上EXV橄榄油、帕马森干酪、切碎的香芹。

肉酱拌马铃薯面疙瘩

Gnocchi di patate con salsa Bolognese

材料（2人份）

肉酱酱汁（参考 P130）……	250g
帕马森干酪（磨成粉状）……	15g
黄油……	5g
荷兰芹……	1/2 根

意式面疙瘩的材料

马铃薯……	1 个 +3/5 个（240g）
高筋面粉……	70g
蛋黄……	1/2 个（10g）
盐、胡椒……	适量

所需时间 30分钟

Point

意式面疙瘩的分量和揉搓程度是重点。

01 制作意式面疙瘩。将马铃薯皮洗净后，放入大量的水中烫煮，煮后趁热剥去马铃薯的皮。以网眼较粗的滤网碾磨。

03 切拌至相当程度后，以手揉搓。Ⓟ搓揉至拿起面团时不会掉落的硬度，边添加面粉边揉搓。

05 在锅中放入大量的水和所需分量的盐（请参考P22），煮至沸腾，再放入意式面疙瘩烫煮。待面疙瘩浮起时，即可用网筛捞起沥干。

02 在工作台上将步骤01的马铃薯用刮板切拌翻松。在马铃薯上加入高筋面粉、蛋黄、盐、胡椒，用刮板进行切拌作业。

04 将面团擀压成2cm宽的棒状；再分切成2cm×2cm的大小。Ⓟ切成奶油糖般的大小。

06 在放有肉酱酱汁的平底锅中加入意式面疙瘩、黄油、帕马森干酪，充分拌匀。盛盘，并撒上切碎的荷兰芹。

各种意大利面与酱汁的搭配

美味的秘诀就在于酱汁与意大利面的关联

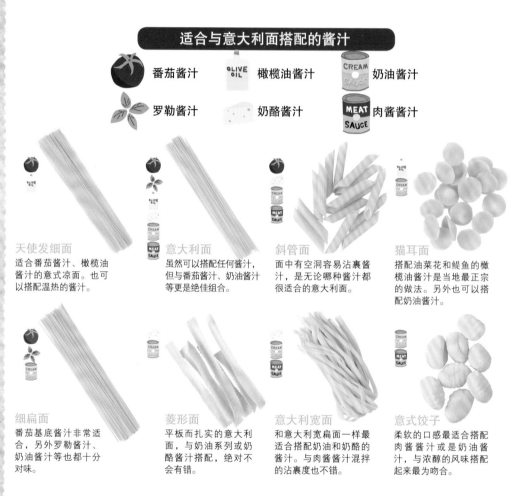

适合与意大利面搭配的酱汁

🍅 番茄酱汁　OLIVE OIL 橄榄油酱汁　CREAM SAUCE 奶油酱汁

🌿 罗勒酱汁　🧀 奶酪酱汁　MEAT SAUCE 肉酱酱汁

天使发细面
适合番茄酱汁、橄榄油酱汁的意式凉面。也可以搭配温热的酱汁。

意大利面
虽然可以搭配任何酱汁，但与番茄酱汁、奶油酱汁等更是绝佳组合。

斜管面
面中有空洞容易沾裹酱汁，是无论哪种酱汁都很适合的意大利面。

猫耳面
搭配油菜花和鳀鱼的橄榄油酱汁是当地最正宗的做法。另外也可以搭配奶油酱汁。

细扁面
番茄基底酱汁非常适合，另外罗勒酱汁、奶油酱汁等也都十分对味。

菱形面
平板而扎实的意大利面，与奶油系列或奶酪酱汁搭配，绝对不会有错。

意大利宽面
和意大利宽扁面一样最适合搭配奶油和奶酪的酱汁。与肉酱酱汁混拌的沾裹度也不错。

意式饺子
柔软的口感最适合搭配肉酱酱汁或是奶油酱汁，与浓醇的风味搭配起来最为吻合。

依酱汁的特点来挑选意大利面

　　虽然常说烫煮方法是决定意大利面美味的关键，但考量意大利面的种类和酱汁的搭配，也是意大利面美味与否的重点。

　　首先，宽且长或是大而扎实的意大利面，很适合肉酱酱汁等肉类炖煮而成的酱汁，或是奶酪酱汁、奶油酱汁等口味浓郁的酱汁。若搭配清淡爽口的酱汁，会不易附着，酱汁的存在感就不敌面条了。意大利细面、天使发细面等细长形的意大利面，或是短小型的意大利面，搭配上番茄酱汁或橄榄油酱汁都可以相互彰显出风味。如果手边仅有天使发细面，则不适合煮成培根蛋面，可以下点工夫把酱汁煮得稍淡一些来做搭配。

4种奶酪风味的斜管面
搭配橄榄油酱

让人忍不住喜欢上奶酪！请趁热享用！

4种奶酪风味的斜管面搭配橄榄油酱

材料（2人份）

斜管面……………160g
芦笋………………2根（40g）

奶酪酱汁的材料

塔莱焦奶酪………………20g
戈贡左拉蓝纹奶酪………20g
佩科里诺奶酪……………10g
帕马森干酪（磨成粉状）
………………………10g
鲜奶油……………………50mL
黄油………………………8g
盐、胡椒…………………适量

橄榄酱的材料

黑橄榄（带核）…………6个
洋葱………………………10g
鳀鱼（片状）…………1片（5g）
酸豆（醋渍）…………1大匙
白葡萄酒………………1大匙
蒜香橄榄油……………1大匙
盐、胡椒…………………适量

Point

边用刮勺压碎奶酪边加入酱汁中。

所需时间 30分钟

01 将芦笋连皮的小结用刀子切除后，就可以用刮皮刀刮下薄薄的芦笋皮，再斜切成4cm的长段。

02 橄榄酱的制作。将酸豆切碎。

03 取出黑橄榄的果核后，将橄榄切碎。

04 将鳀鱼切碎。

05 洋葱也切成碎末。

06 加热锅中的蒜香橄榄油，炒香切碎的洋葱。

07 洋葱炒至出现甘甜香气后，加入切碎的橄榄、鳀鱼、酸豆一起拌炒。

08 将步骤07的锅暂时熄火，倒入白葡萄酒后再度加热使酒精挥发。

09 待酒精成分完全挥发后，撒入盐、胡椒调味。Ⓟ冷却后可以保存起来作为配料使用。

10 在锅中放入大量的水和所需分量的盐（请参考P22），煮至沸腾后，再放斜管面烫煮。

11 制作奶酪酱汁。用奶酪切刀或奶酪研磨器将佩科里诺奶酪和帕马森干酪磨成粉状。

16 将斜管面和芦笋捞起，以滤网沥干水分，加入步骤15的酱汁中。

21 盛盘并放上橄榄酱。将奶酪酱汁和橄榄酱混拌后食用。

12 以中火加热平底锅，倒入鲜奶油，接着放入塔莱焦奶酪和戈贡左拉蓝纹奶酪。

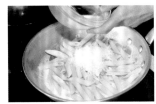

17 在步骤16的平底锅中，加入磨成粉状的佩科里诺奶酪和帕马森干酪。

13 在斜管面捞出的前3分钟，将芦笋倒入锅中一起烫煮。

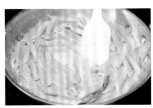

18 在步骤17的平底锅中加入黄油。

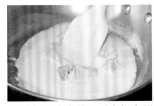

14 用刮勺压碎步骤12平底锅中的奶酪，并将其充分混拌。

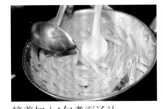

19 接着加入1勺煮面汤汁。

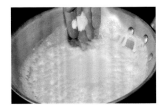

15 当平底锅中咕噜咕噜地沸腾时，撒上盐和胡椒后拌匀。

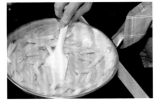

20 用刮勺充分均匀地混拌使酱汁乳化，并使斜管面与酱汁充分混拌。Ⓟ酱汁的浓稠度能沾裹并留在斜管面的管内是最佳状态。

Mistake!

斜管面的口感软趴趴！

斜管面烫煮要配合奶酪酱汁完成的时间。如果烫煮好的时间太早，一直放在网筛上，面会泡胀开。另外，必须多加注意，如果不是用大量的水来烫煮，可能有一端会发生烫煮过软的状况。

✕

斜管面烫煮好不立刻与酱汁混拌，面条也会粘黏。

✕

煮面汤汁过少时，无法均匀加热，所以没有浸泡到的部分就会变硬。

意大利料理的诀窍与重点 ㉖

伦巴第大区的料理和特色

米兰——意大利的经济中心

主要特产

1. 乳制品
有奶油、戈贡左拉蓝纹奶酪、帕达诺奶酪等，乳制品特别丰富。

2. 芦笋
米兰是著名的芦笋主产区。有使用烤箱烘烤芦笋，再加上帕达诺奶酪的地方料理。

3. 南瓜
在该大区广阔而肥沃的土地上，盛产多种蔬菜，南瓜、皱叶甘蓝等是当地的特产。

其他物产
以乳制品为主，还有大米、小牛肉、新鲜的意式腊肠等特产。此外，以湖泊里的淡水鱼为主要原料的料理也十分闻名。

最具代表性的料理

米兰风炖饭
使用了番红花的黄金炖饭，传说是源自于西班牙统治时代所传来的西班牙海鲜饭。

意大利圣诞面包
用了名为潘妮朵尼的天然酵母制作，诞生于米兰的面包。在圣诞节时食用。

米兰风炖牛膝
将小牛膝肉与高汤、白葡萄酒、香味蔬菜等一起炖煮的料理。

大都市中的乡土风味，出乎意料地可以在家中制作

　　伦巴第大区的首府米兰，汇聚了世界的流行时尚。保存着传统文化的街道上，有收藏着万能天才列奥纳多·达芬奇的名画《最后的晚餐》的教堂，还有为数众多的美术馆和博物馆等。这里拥有着从中世纪开始即以商业、金融业为中心发展至今的历史，所以米兰即使在意大利本国也是最具艺术气息、充满光辉的地方。

　　但与这样光辉璀璨的形象恰恰相反的是，这里的料理却意外的朴实而简约。因伦巴第大区的养牛业占全意大利的25％，所以有很多使用了大量瘦肉、牛奶、奶酪和奶油等乳制品的料理。该大区同时也是意大利的奶油发祥地，因戈贡左拉蓝纹奶酪而闻名。

Fedelini al nero di seppia

墨鱼意大利面

墨鱼有着优雅而神秘的滋味。

墨鱼意大利面

材料（2人份）

意大利细面	160g
新鲜鱿鱼	1只（300g）
番茄酱汁	80g
鸡高汤	500mL
墨鱼汁、墨鱼酱	各4g
白葡萄酒	50mL
洋葱	1/2个（100g）
红辣椒	1/3枝
蒜香橄榄油	1～2大匙
EXV橄榄油	1大匙
切碎的荷兰芹	1大匙
盐、胡椒、大蒜	适量

Point

新鲜鱿鱼需仔细地煮至柔软为止。

所需时间 70分钟

01 将剥了皮的鱿鱼尾的三角形尾鳍切成短段，须脚的部分切成4～5cm的长度，身体的部分切成轮状。

02 加热锅中的蒜香橄榄油，加入红辣椒和大蒜。

03 在步骤02的锅中加入切好的鱿鱼，以大火拌炒。

04 拌炒至鱿鱼的表面变白，稍稍呈现拌炒色泽之后，加入白葡萄酒，将粘黏在锅内的材料全都刮落至锅中混拌。

05 待白葡萄酒的酒精挥发后，将番茄酱汁和墨鱼酱加入锅中。

06 如P139中剖开墨斗鱼的方法，取出墨囊，用手指将墨囊中的墨汁挤至锅中。

07 在步骤06的锅中加入鸡高汤，用刮勺拌匀锅内的材料。

08 在步骤07的锅内加入盐、胡椒煮40～50分钟。熬煮至鱿鱼柔软。

09 煮至如照片所示呈糊状时，即已熬煮完成。Ⓟ试试味道，如果太辣可以取出红辣椒。

10 在锅中放入大量的水和所需分量的盐（请参考P22），煮至沸腾后，再放入意大利细面。

墨鱼的剖切法

11 意大利细面煮好后，放入步骤09的墨鱼酱汁的锅中，用刮勺拌匀。

12 在步骤11的锅中加入一半的荷兰芹碎末。℗水分不足时可以加入煮面汤汁来调整。

13 在步骤12的锅中加入EXV橄榄油、盐、胡椒，轻轻拌匀。盛盘，再撒上剩余的荷兰芹。

Mistake!
墨鱼酱汁水水的

　　用锅熬墨鱼酱汁，是否有熬煮至浓稠糊状呢？没有熬煮至原分量的1/2，酱汁无法沾裹在意大利面上。

这种状态下加入意大利面，完成后就会水水的。

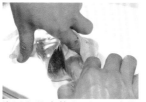

01 将墨鱼的身体翻开，用食指和拇指将身体和须脚间的筋拨开。

02 左手拉住尾部三角形尾鳍，右手抓住须脚根部连同内脏一起拉出。

03 将附着在内脏上的墨囊轻轻拉出取下。

04 用刀切下眼睛下方的须脚。

05 取出墨鱼身体中的软骨。

06 提举起墨鱼，在尾部和身体的两侧各以拇指和食指按压，用力拉开。

07 用力拉开尾部三角形尾鳍，与墨鱼的身体分开。

08 用湿毛巾小心地不要弄破，将身体上的薄皮撕下。

09 先切除尾部三角形尾鳍尖端上的软骨，在约距前端1cm处切入，接着撕下三角形尾鳍的薄皮。

10 2根长长的须脚，用刀子切至附有大吸盘的部分。用刀背取下吸盘。

意大利面的保存方法

为了随时都能吃到美味的意大利面，在此教大家意大利面的保存方法

干燥意大利面

市面上出售各式各样的密闭容器，有长形和短形的各种尺寸。如果担心湿气，也可以放入干燥剂。

可以用矿泉水瓶作为替代容器!

大型的矿泉水瓶洗净干燥后，也可以作为保存容器来使用。倒出的量大约是1人份，使用起来非常方便。

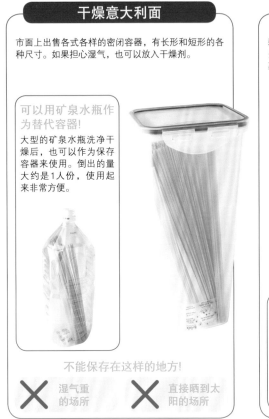

不能保存在这样的地方!

✕ 湿气重的场所　　✕ 直接晒到太阳的场所

新鲜意大利面

新做好的意大利面在当天食用最为美味。若不小心做多了，一根一根地干燥约30分钟，用保鲜膜轻轻包裹，放入冷藏库的保鲜盒内，可以保存2~3天。

也可以冷冻保存

新鲜的意大利面干燥约30分钟再放入密闭容器内，可冷冻保存约1个月。

新鲜意大利面烫煮2~3分钟，起锅沥干水分。

在面上撒上少许的橄榄油，使其不致干燥。

好好地保存意大利面，就可以长时间享受美味!

　　拿取方便的干燥意大利面较之新鲜的意大利面，更易长时间保存。话虽如此，包装袋上所标识的食用期限是指在未开封状态下，因此在开封后，就必须放入专用的密闭容器中保存，以防霉菌和虫害。另外，干燥意大利面的黏度硬度都被抽离了，因此还是建议大家开封后尽早用完。保存干燥意大利面，应尽量避免水槽下或窗户边等湿气重或太阳可以直接照射到的地方。

　　另外，新鲜的意大利面最好在制作当天全部食用。万一做多了，可以用冷藏、冷冻或是干燥保存的方法。干燥保存可以在平台上一根根地将面条摊开，放在通风良好的地方2~3天，待其完全干燥后，可在常温中保存约1个月。

Spaghettini al pesto genovese

罗勒酱拌意大利面

在口中弥漫罗勒的爽口美味。

罗勒酱拌意大利面

材料（2人份）

意大利细面…………………160g
罗勒叶（装饰用）…………2g
帕马森干酪（磨成粉状）
………………………………10g
松子（盘饰配料用）…2 小匙
盐、胡椒……………………适量

罗勒酱的材料

罗勒叶……………………7g
荷兰芹叶…………………8g
大蒜………………1/2 片（5g）
松子………………………1 大匙
帕马森干酪（磨成粉状）
……………………………10g
橄榄油…………………40mL

Point

要尽快拌匀罗勒酱与意大利面。

所需时间 30分钟

01 取出大蒜的芽芯，切成粗粒，放入食物搅拌机中。

02 将罗勒叶与荷兰芹叶切碎。

03 将罗勒叶、荷兰芹与松子一起放入步骤01的食物搅拌机中。

04 再将帕马森干酪一起加入步骤03后，转动食物搅拌机。

05 搅打至相当程度，暂停食物搅拌机的转动，将沾附在周边的材料刮落后，再度转动机器。

06 在步骤05中倒入橄榄油，再次转动食物搅拌机。搅打完成后将成品移至容器中。

07 以研磨钵来制作。将橄榄油以外的材料放在研磨钵中，细细地研磨，最后再加入橄榄油轻轻混拌。

08 盘饰配料的松子排放在铺着烤盘纸的烤盘上，在170℃预热的烤箱烘烤约8分钟。

09 在锅中放入大量的水和所需分量的盐（请参考P22），煮至沸腾。

10 在沸腾的锅中放入意大利细面烫煮。

11 将煮好的意大利细面捞出汤锅沥干。

16 加入半量的帕马森干酪，用刮勺充分拌匀。

12 将煮面汤汁倒入平底锅中加热。

17 将细面盛盘，平底锅中剩余的汤汁全部舀出。

13 将煮好的细面和罗勒酱加入步骤12的平底锅中。

18 在面上摆放烘烤过的松子和剩下的帕马森干酪。最后放上罗勒叶。

14 用刮勺将细面和罗勒酱拌匀。

15 在步骤14的平底锅中加入盐、胡椒，熄火。

Point

罗勒酱若能做好备用就十分方便了

罗勒酱虽然可做出来备用，颜色却不如现做的鲜艳，但无损于其风味，建议大家做好备用。放置在密闭容器内保存于冷藏柜，可以保存2～3周。如果放在冷冻袋中保存，则可以使用1～2个月。

密闭容器在使用前先用热水消毒，会更卫生。

放入冷冻袋保存时，将袋子摊平冰冻会不占空间。

Point

要保持罗勒酱的鲜艳色泽

罗勒叶具有切碎就容易变黑的特质。在放入食物搅拌器前先将材料冷却，就可以制成鲜绿色的酱汁。

过度加热会使颜色变差，务必快速调理。

罗勒酱拌特飞面

Trofie al pesto genovese

01 制作特飞面。在盆中放入高筋面粉、橄榄油和约70mL的温水（用量外）。

02 用叉子混拌步骤01盆中的材料。

03 混拌至相当程度后，将面糊移至工作台。Ｐ粘黏在盆边的面糊用刮板刮干净。

04 用手掌将面团揉搓至表面光滑平顺。

05 当面团如照片所示出现光泽时，即完成了揉搓作业。用保鲜膜包妥后放入冷藏柜静置约20分钟。

材料（2人份）

特飞面的材料

高筋面粉	120g
橄榄油	10mL
面粉（扑面用）	适量
罗勒酱（参考 P142）	70g
马铃薯	1/2 个（75g）
甜豆	6 根（30g）
核桃	6 粒（24g）
杏仁果	12 粒（12g）
白葡萄酒	1 大匙
鳀鱼（片）	1 片（5g）
帕马森干酪（磨成粉状）	10g
罗勒叶	2 片
橄榄油	1/2 大匙
黄油	5g
盐、胡椒	适量

所需时间 50分钟

06　在工作台上撒上面粉，用刮板将面团分切成1个小勺的大小。

11　将步骤10的甜豆配合意大利面的长度，斜切成两段。

16　制作酱汁：在平底锅中加热橄榄油和黄油，放入杏仁果、核桃和鳀鱼一起加热拌炒，接着放入白葡萄酒。

07　将切好的面团搓成3cm长的棒状。

12　将杏仁果和核桃切成粗粒状。

17　在马铃薯烫煮6分钟后，将特飞面放入步骤15的锅中，接着2分钟后再加入甜豆，约烫煮2分钟。

08　如照片所示将面团两端揉搓成稍细的形状。

13　马铃薯去皮，切成1cm块状。

18　将煮好的特飞面、马铃薯和甜豆，加入步骤16的平底锅中。

09　将擀压好的面团如拧手巾般地扭一次。将面团两端稍按压在工作台放置片刻，就可以制成扭转的棒状。

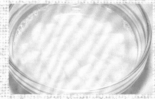

14　切好的马铃薯放进装满水的盆中，约10分钟使淀粉流出后，沥干备用。

19　在步骤18的平底锅中加入罗勒酱和煮面汤汁轻轻混拌后，熄火。

10　折下甜豆的蒂头并反折撕下两边的筋脉。

15　在锅中放入大量的水和所需分量的盐（请参考P22），煮至沸腾。放入需烫煮较长时间的马铃薯，煮约10分钟。

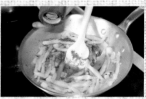

20　加进帕马森干酪、盐和胡椒，轻摇平底锅混拌。盛盘，再用罗勒叶加以装饰。

热那亚

利古里亚大区

意大利料理的诀窍与重点 28

利古里亚大区的料理和特色

有着浓厚的中东饮食文化色彩，是意大利的里维耶拉（蔚蓝海岸）

主要特产

1. 罗勒
利古里亚大区产的罗勒，颜色深、气味芬芳，是意大利首屈一指的罗勒产地。

2. 吻仔鱼
在当地被称为"Gianchetti"，在1～2月间是最美味的时期。

3. 淡菜
利古里亚大区是意大利数一数二的淡菜产地。贝肉柔软且方便食用。

其他物产
松子、核桃等坚果也经常出现在料理中，味道纤细的小橄榄也十分有名。

具代表性的料理

特飞面
发源于利古里亚大区的短形意大利面，稍带螺旋状。搭配罗勒酱汁最为常见。

夹馅意大利面（Pansotti）
将罗勒酱包入意式饺子当中，有着浓郁奶香的奶油酱汁让人回味无穷。

薄饼（Farinata）
在一种称为CHYACHI的埃及豆粉中，添加了橄榄油、盐、水混拌烘烤而成。

有着浓厚的中东和意大利南部饮食文化色彩

与法国毗邻、延伸成弓状细长形的利古里亚大区，整条海岸线上都是游艇港口与海湾，是意大利最知名的渡假胜地。首府热那亚则是伟大冒险家克里斯托弗·哥伦布的诞生地，中世纪时因属强盛的贸易王国而兴盛繁荣，以热那亚为中心，和中东、希腊，甚至是南意大利的西西里和撒丁等地区都有着贸易往来。

也因此，利古里亚大区虽然位于意大利北部，却拥有着强烈的南方文化。在料理上，也经常使用温暖地区才能取得的罗勒、南部较常使用的干燥意大利面，也使用糖渍水果作为甜点。另外，还有很多像埃及豆、松子等由中东传入的食物，不经意间流露出的中东风味，正是利古里亚大区的魅力吧。

Gnocchi di zucca

南瓜面疙瘩

色彩艳丽的田园风味。

南瓜面疙瘩

材料（2人份）

南瓜面疙瘩面团的材料

南瓜	1/4 个（250g）
低筋面粉	70g
蛋黄	1/2 个（10g）
盐	1 小撮
肉桂粉	1/2 小匙
肉豆蔻粉	1/6 小匙

酱汁材料

鲜奶油	120mL
帕马森干酪（磨成粉状）	10g
鸡高汤	50mL
苹果	1/6 个（50g）
黄油	15g
牛至（干燥）	1 小撮
南瓜籽	1 大匙
盐、胡椒	适量

Point

面疙瘩不要与酱汁过度混拌。

所需时间
40分钟

01 制作南瓜面疙瘩。首先，先去除南瓜的籽。

02 稍稍留有薄皮程度地切除南瓜皮。

03 将切除瓜皮的南瓜切成1口大小。

04 用蒸笼蒸煮切好的南瓜。如果使用微波炉，以600W微波约3分钟。

05 将步骤04的南瓜移至盆中，用擀面棒捣碎南瓜。Ⓟ水分较多时，可以用小火在平底不粘锅中加热，用刮勺混拌使水分收干。

06 在步骤05的盆中加入蛋黄，用刮勺拌匀。

07 将低筋面粉过筛倒入步骤06的盆中，加入盐、肉豆蔻、肉桂粉。

08 将盆中的材料充分混拌。

09 待成团时，移至工作台上，轻轻揉搓。准备直径1cm的挤花嘴的挤花袋，将面团放入袋中。

10 制作酱汁。将苹果切成1cm的块状。Ⓟ是否削皮可依个人喜好。

11 在平底锅中加热黄油，放入牛至和步骤10切好的苹果拌炒。

16 用网筛捞起面疙瘩，沥干水分，㊟放入步骤12的平底锅中拌匀。

01 和步骤01～08同样制作面疙瘩的面团。在此加入约30g高筋面粉，拌匀。

12 将鸡高汤、鲜奶油、盐和胡椒加入步骤11的平底锅中，充分拌匀。

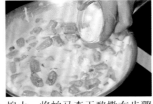

17 熄火，将帕马森干酪撒在步骤16的平底锅中，混拌。

02 用手将面团搓成3cm的棒状。

13 在锅中放入大量的水和所需分量的盐（请参考P22），煮至沸腾。用挤花袋将面团绞挤出3cm，用刀子切落至锅中。

18 如照片所示滑顺时，即已完成。盛盘，撒放上南瓜籽。

03 用叉子将棒状切成拇指大小。

14 当面疙瘩的面团变少时，用刮板将面团推挤至前端，绞挤至最后。

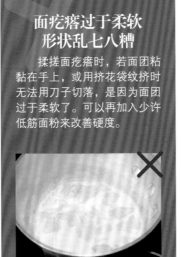

Mistake!

面疙瘩过于柔软
形状乱七八糟

揉搓面疙瘩时，若面团粘黏在手上，或用挤花袋纹绞挤时无法用刀子切落，是因为面团过于柔软了。可以再加入少许低筋面粉来改善硬度。

因南瓜本身水分的不同，硬度也会有所不同，所以可以收干水分来加以调整。

04 将1块面团放置在叉子上，将面团压平。

15 当面疙瘩完全浮至锅面，就煮好了。

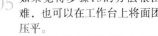

05 如果觉得步骤13的方法很困难，也可以在工作台上将面团压平。

赏心悦目、多姿多彩的短形意大利面

短形意大利面的魅力在于它可以带来视觉上的愉悦

车轮面

被称为"车轮"的意大利面，来自西西里岛。因为有很多孔洞，可以使酱汁更容易沾裹。

搭配酱汁
番茄酱汁或是奶油酱汁最适合。也被用于汤品或炖煮料理中。

水管面

宛如水管的形状，上面还有线条纹路的意大利面。依制造厂商不同也被称为"弯曲通心粉"或"蜗牛面"。

搭配酱汁
特别适合奶油酱汁或奶酪酱汁等浓稠酱汁。也有中间包有肉类或蔬菜馅料。

通心粉

短筒状的意大利面的代名词，但也有如照片上的动物形状的独特类型。

搭配酱汁
形状较小的面可用于焗烤或是沙拉的配料。形状较大的可以搭配肉酱酱汁和番茄酱汁。

彩色意大利面

添加菠菜、番茄等色素的意大利面。也有少数是用嫩海带芽或墨鱼汁制成。

搭配酱汁
橄榄油酱汁或沙拉酱汁等爽口又简单的酱汁最适合。

方便用于汤品或烤箱料理的意大利面

大概有300多种意大利面，其中相较于长形意大利面，短形意大利面有着更加丰富的种类、形状和颜色。

短形意大利面最明显的特征是用浅锅也可以烫煮，不仅是意大利面料理，作为汤品的配料或烤箱料理等也都合适。在意大利当地，比起长形意大利面，食用短形意大利面的机会更多。此外，因为较长形意大利面宽，因此烫煮好之后也可以维持较长时间的弹牙口感。

看起来就使人觉得愉悦，正是短形意大利面的魅力所在，市面上还有动物形状、数字形状等各种独特的可爱造型。

第4章
汤、比萨、炖饭

关于意大利料理套餐

第一道菜之谜

为什么汤品也可以算是第一道菜呢？

诉说着历史的意大利汤品

第一道菜（Primo Piatto）又被称为意式蔬菜面汤（Minestra）。但Minestra这个词，只能用于汤品，所以才会有此说法吧。

汤品是由谷类、豆类和蔬菜等一起熬煮成浓稠状，自古以来比意大利面或炖饭更早成为意大利料理。由阿拉伯人传入的面食和大米，据说一开始时也是被当做汤品的配料来使用的。之后才有了收干汤汁的做法，成为现在的意大利面和炖饭。

由于这样的缘故，第一道菜才被称为Minestra。若第一道菜是炖饭或意大利面时，则称为"干的意式蔬菜面（Minestra asciutta）"；若是汤品料理时则称为"意式蔬菜面高汤（Brodo in Minestra）"。

第一道菜

意大利面	炖饭	汤品	比萨
意大利南部多为干燥意大利面，意大利北部则手工意大利面较为普及。	始于古罗马时期，用猪油和小麦煮成稀饭般的料理为其原貌。	"Minestra"除了蔬菜、豆类之外，一定还会加入米饭或意大利面。	比萨的历史较有力的说法是起源公元1600年左右那不勒斯。

茄汁意大利面

菌菇炖饭

意大利什锦蔬菜面汤

那不勒斯风比萨

奶油风味宽板面

海鲜汤

烤厚片比萨

Minestrone

意大利什锦蔬菜面汤

活用了蔬菜的美味，是最能代表意大利的汤品。

意大利什锦蔬菜面汤

材料（2人份）

意式培根	20g
洋葱	1/4 个（50g）
胡萝卜	1/8 根（20g）
芹菜	1/10 根（10g）
笋瓜	1/7 根（20g）
卷心菜	1/2 片（30g）
猪高汤	500mL
水煮番茄	50g
马铃薯（小）	3/4 个（50g）
天使发细面	10g
蒜香橄榄油	1 大匙
盐、胡椒	适量

Point

将蔬菜拌炒至产生甘甜风味。

所需时间
30分钟

01 将水煮番茄过滤备用。

02 将洋葱、芹菜、笋瓜、胡萝卜、卷心菜、意式培根各切成1cm的方形薄片。

03 剥去马铃薯皮，切成1cm的方形薄片。浸泡在装满水的盆中泡出淀粉。

04 用布包卷起天使发细面，沿着工作台的边缘向下拉，就可以简单地折成3cm的长度。

05 加热锅中的蒜香橄榄油，将步骤02的材料拌炒至散发出香气且释放出蔬菜的甘甜为止。

06 待蔬菜的颜色开始变化时，加入水煮番茄和猪高汤。

07 将步骤03的马铃薯沥干水分后，加入步骤06的锅中。

08 在步骤07的锅中放入盐、胡椒调味，以中火加热熬煮约15分钟。

09 熬煮时若出现浮渣，请用汤匙将其捞除。

10 完成前5分钟，将步骤04折断的天使发细面加入锅中。

意大利什锦蔬菜面汤的小小变化

加入水煮荷包蛋就可让汤的味道变得完全不同

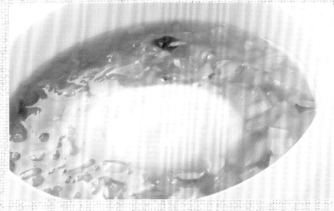

添加了水煮荷包蛋的意大利什锦蔬菜

让我们轻松地制作水煮荷包蛋吧

水煮荷包蛋的制作方法

01 在锅中倒入足以浸泡整个鸡蛋的水量，加热至90℃后，加入少许醋。

02 在锅中冒出气泡的地方，轻轻倒入打好的鸡蛋。ⓟ利用气泡的流动使蛋白可以自然地包覆蛋黄。

03 使蛋白不致过于流开，用叉子将蛋白集中并使其覆盖于蛋黄上。

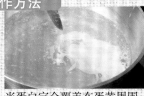

04 当蛋白完全覆盖在蛋黄周围，用漏勺将其翻面。

05 将半熟的水煮荷包蛋起锅，手指试着轻压蛋黄，充满弹力时即可起锅。

06 将半熟的水煮荷包蛋放进装满水的盆中冷却。

汤品中添加罗勒酱

热那亚风的什锦蔬菜面汤

P154的意大利什锦蔬菜面汤，仅多加了罗勒酱（参考P21），立刻就可以变化成热那亚风的什锦蔬菜面汤。

Mistake!

蔬菜糊成一团，完全没有汤品的感觉

如果蔬菜没有统一的切法，那么无论煮得多好都会显得乱糟糟的。另外，过度熬煮也会使蔬菜的水分流失，成为蔬菜糊，必须多加小心。

即使花了心思煮得很好，但蔬菜的形状乱七八糟，一样前功尽弃。

用鸡高汤来变化的汤品

除了用于汤品之外，也是意大利菜中不可或缺的材料

鸡高汤

大麦蔬菜汤

材料（2人份）

鸡高汤·······················500mL
大麦·····························40g
意式腊肠·······················20g
洋葱·················1/3 个（80g）
胡萝卜···············1/5 根（30g）
芹菜·················1/5 根（20g）
马铃薯···············1/3 个（50g）
蒜香橄榄油、盐、胡椒
·······························适量

制作方法

❶将意式腊肠、洋葱、胡萝卜、芹菜、马铃薯切成 8mm 的块状。❷加热锅中的蒜香橄榄油至散发香气后，加入意式腊肠、洋葱、胡萝卜、芹菜拌炒。❸加入鸡高汤、大麦、马铃薯，约煮 15 分钟至大麦煮软为止。❹以盐、胡椒调味。

意式白芸豆汤

材料（2人份）

鸡高汤·······················400mL
水煮白芸豆·····················250g
洋葱、胡萝卜···············各 20g
芹菜·················1/10 根（10g）
蒜香橄榄油···················1 大匙
迷迭香·························1/3 枝
盐、胡椒·····················适量

制作方法

❶将洋葱、胡萝卜、芹菜切成薄片。❷加热锅中的蒜香橄榄油，将步骤①的材料拌炒。❸在步骤②的锅中加入迷迭香、水煮白芸豆 230g、鸡高汤，炖煮约 10 分钟至蔬菜变软为止。❹将锅中的迷迭香取出，其余材料用搅拌机搅打，用盐、胡椒调味，最后将预留的 20g 白芸豆放入装饰搭配。

意式菠菜蛋花汤

材料（2人份）

鸡高汤·······················400mL
鸡蛋·················2 个（120g）
帕马森干酪（磨成粉状）
·······························20g
菠菜·················1/5 把（40g）
盐、胡椒·····················适量

制作方法

❶在盆中放入鸡蛋、帕马森干酪、盐、胡椒，搅拌使其溶化。❷在锅中倒入鸡高汤、盐、胡椒，煮沸并放入切成 5cm 长的菠菜加热。❸当锅中的鸡高汤再度沸腾时，一边轻轻搅动热汤，一边以滴垂方式倒进步骤①的蛋液，稍稍加热即可。

万用的鸡高汤

　　鸡高汤是意大利料理中最常使用的高汤。虽然在P154使用了猪高汤，但也可以用鸡高汤制作。除了这样的汤品外，也适用于肉类或鱼类料理酱汁的提味，是最方便搭配使用的绝佳配角。一次大量制作，灵活运用非常方便。

　　虽然在P178的猎人式烩鸡肉中使用的是全鸡，但也可以只用鸡骨架来熬汤。

　　鸡高汤若要冷藏保存，煮好高汤时就要立刻冷却，移至密闭容器内，可保存约2～3天。保存于冷冻柜，可放入密闭塑胶袋或倒入制冰盒凝固，可保存约2个月。只要放入锅中就立刻可以使用。

Pizza

烤厚片比萨

活用当地的制作方法，调配成家庭风味！

烤厚片比萨

材料（1片直径24cm圆形分量）

厚片比萨面团的材料

高筋面粉……………………150g
橄榄油………………………1 大匙
盐……………………………1/2 小匙
干酵母粉……………………2g
水（水温37℃）……………90mL

装饰搭配的材料

水煮番茄……………………120g
芦笋……………………1 根（20g）
洋葱…………………1/2 个（100g）
鸡蛋……………………1 个（60g）
洋菇……………………2 个（16g）
甜椒（红）…………1/4 个（35g）
鳀鱼（片状）…………1 片（5g）
黑橄榄（带核）………2 个
马苏里拉奶酪………1/2 个（50g）
牛至（干燥）…………1 小撮
综合香草（参考 P20）
………………………………适量
蒜香橄榄油上层澄清油
………………………………1 大匙
辣椒油………………………1 小匙
盐、胡椒……………………适量

Point

要擀成均匀厚度的面团。

所需时间
160分钟

01 在盆中加入37℃的温水和干酵母，将酵母搅拌溶化。

02 将高筋面粉、盐、橄榄油和步骤01的酵母液，倒至另一个盆中混拌。

03 混拌至面团感觉不到粉类时，再将面团移至工作台。将粘黏在盆上的面团刮下。

04 手掌从自己的身前将面团向前推，注意使面团不致分离地揉搓。Ｐ当面团粘黏时，请将面粉（用量外）撒在工作台上。

05 当面团揉搓至表面光滑时，移至涂有薄薄橄榄油（用量外）的盆中。

06 将步骤05的盆放置在装有40℃热水的盆上，装入塑胶袋中缚上袋口，放置在24℃以上的常温中约1个小时，使其发酵。

07 加热锅中的橄榄油，倒入过滤的水煮番茄、牛至、辣椒油、盐和胡椒，小火将材料熬煮成泥状。

08 白水煮鸡蛋去壳，切成5mm宽的圆片。

09 将甜椒（红）切成约5mm的宽条。

10 切去洋葱的芯，并将洋葱切成薄片。

11 刷去洋菇表面的脏污，切成3mm宽度的片状。

12 黑橄榄去核，切成3mm的圈状。

13 切除芦笋的小包节和芦笋皮后，切成宽度3mm的斜片。马苏里拉奶酪切成5mm的块状。

14 在平底锅中加热半量的蒜香橄榄油，将洋葱拌炒至变成淡淡的颜色并且释放出甜味为止。

15 将发酵后的面团放置在撒有面粉（用量外）的工作台上，用手掌将面团压平。ⓟ若手指按压面团时会留下指印，即是已正常发酵了。

16 边转动面皮边将面皮边缘逐量地折向中央，结合面朝下放置在工作台上。

17 用手轻轻按压面团，用擀面棒将面团擀压成直径20cm的圆形面饼。

18 之后，将面饼放置在平坦的烤盘上，放入发酵时使用的塑胶袋中，缚紧袋口。放置在常温下约20分钟。

19 当步骤18的面饼膨胀成2倍大时，在距边缘2cm处内侧，将步骤07熬煮的番茄酱汁涂抹成圆形。

20 接着将步骤14拌炒的洋葱均匀地放置在番茄酱汁上。

21 接着将洋菇、芦笋、甜椒（红）撒放上去。鳀鱼切成4等份。

22 将剩下的配料全部摆放上去，并浇淋上剩余的蒜香橄榄油，在预热至200℃的烤箱烘烤约20分钟。ⓟ可视个人喜好撒上综合香草。

Point
为了能做出地道的美味比萨

比萨的面饼经过一段时间没有发酵时，可以试着放在室温较高的地方。如果能依个别材料加热的时间，正确地逐层摆放上去，即是均匀烘烤的要诀。

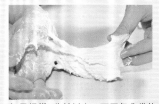

如果揉搓5分钟以上，面团仍非常软黏时，可以试着再添加少量的面粉。

白水煮蛋过程中必须不时地转动鸡蛋，煮好时蛋黄才会在蛋的中央。

那不勒斯风比萨

Pizza alla napoletana

01 在盆中加入37℃的温水和干酵母，将酵母搅拌溶化。

02 在另一盆中放入高筋面粉、低筋面粉和步骤01的材料混合。混合至相当程度后再移至工作台上。

03 用手掌揉搓面团。揉搓至表面光滑平顺为止。大约4～5分钟。

04 将面团揉成圆形，放置在涂有薄薄橄榄油（用量外）的盆中，在18℃的环境下放置约8小时。

05 将马苏里拉奶酪切成5mm的块状。

材料（约25×20cm）

比萨面团的材料

高筋面粉	50g
低筋面粉	50g
盐	2g
干酵母粉	1g
水（水温37℃）	55mL

装饰搭配的材料

水煮番茄	120g
马苏里拉奶酪	4/5个（80g）
罗勒叶	2片
帕马森干酪（磨成粉状）	5g
蒜香橄榄油	1大匙
盐	适量

所需时间 40分钟

※面团发酵时间除外。

160

06 过滤水煮番茄备用。

07 将步骤06过滤好的水煮番茄放入锅中，加入盐调味并加热。

08 将番茄熬煮成照片中的状态，制作番茄酱汁。

09 将发酵后的面团放置在撒有面粉（用量外）的工作台上，不使用擀面棒用手将周围调整成四角形。

10 将面团按压成中央较低，四周边缘隆起的形状。

11 在面皮的外侧边缘上，用拇指推压出厚度。面饼是用烤鱼的网架烘烤的，所以可以视自家网架的大小来调整。

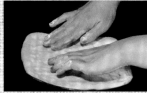

12 加热平底锅至锅底冒烟。将面团的内侧按压在锅底烘出烤色。

13 将步骤08的番茄酱汁均匀涂抹，再撒放上马苏里拉奶酪和帕马森干酪，滴淋上蒜香橄榄油。

14 将烤鱼的网架用铝箔纸包妥，高温预热备用。把步骤13的面饼移至铝箔纸上，烘烤2～3分钟。

15 最后再用罗勒叶装饰完成。

Point

为了更贴近
地道的正统做法

那不勒斯风比萨的面团，不使用擀面棒而用手按压，四边的部分就称为边缘厚片，这种做法正是当地最正统的。可以沿着面团的边缘，在外侧慢慢仔细按压出漂亮的边缘厚片。

发酵时，将盆放入较大的塑胶袋中，可以防止面团干燥。

将撒了面粉的木板或砧板铺在下方可以防止面团粘黏，较易推开。

当面团无法顺利膨胀

本书中是采取低温长时间发酵的方法，依那不勒斯的气温来制定发酵的温度和时间。如果希望缩短时间，可以将面团放置在35℃的环境中2小时即可。面团若没有发酵，可将面团移至温度较高的地方。

为了尽早完成发酵，而增加酵母粉的用量，面团会有很重的酵母味。

什么是那不勒斯比萨的精髓?

让我们来追溯那不勒斯比萨的历史和发源地

随机的不规律的隆起,正是手工推压的证据!

那不勒斯比萨的条件

1

面团仅用面粉、水、酵母、盐4种材料

2

用手推压面团

3

放置在烤窑底部直接烘烤

4

烤窑使用的燃料是柴禾或是木屑

5

烤好的比萨是膨胀起来的,周围有着仿佛画框般的边缘

6

精选食材

不完全符合以上条件就不能称之为"那不勒斯比萨"

那不勒斯比萨的认证

守住当地比萨的正统风味

为了传承那不勒斯比萨的传统技术,使其普及至世界各地,在1984年设立了"那不勒斯比萨协会"并制定了几项制作那不勒斯比萨时的严格条件,而只有严守这些条件的店家才会发给认证证书和招牌。就是照片上的这种招牌。右下方的数字则是标示被认定的顺序。

被称为世界上最美的海岸线的那不勒斯阿玛菲海岸(Costiera Amalfitana),别墅林立。

始于那不勒斯,也在那不勒斯确立其地位

比萨的原型,是将面团擀平涂上橄榄油烘烤而成的"意式香草面包(Focaccla)"。在面团上摆放配料,开始变成像现在这样的比萨,始于17世纪中期的那不勒斯。到了18世纪后半期,由番茄酱汁和橄榄油制成的比萨的绝佳酱料——"大蒜番茄酱",也在那不勒斯登场了。

比萨在全意大利境内成为话题的契机,是在19世纪后期。为了招待前来那不勒斯访问的玛格丽特王妃(Margherita),厨师特地使用番茄、奶酪和罗勒叶,做出了象征意大利国旗的"玛格丽特比萨"。王妃品尝之后十分喜欢,从此比萨成为意大利全国皆知的食物。现在更成为意大利最具代表性的料理,在世界各地都能吃到。

菌菇炖饭

以水分收干的方式来完成弹牙口感的炖饭。

菌菇炖饭

材料（2人份）

白米（不要洗）·········4/5 杯（120g）
牛肝菌干····················2g
洋菇·····················4 个（32g）
杏鲍菇···················1 根（30g）
洋葱····················1/3 个（70g）
高汤····················500mL
黄油····················15g
帕马森干酪（磨成粉状）
·························15g
白葡萄酒·················25mL
蒜香橄榄油···············1 大匙
橄榄油··················1 大匙
香芹····················1 根
盐、胡椒·················适量

※如果选用意大利米也是同样的分量。

Point

注意当米饭过度混拌后会释出米饭的黏性。

所需时间
50 分钟

01 将杏鲍菇切成1cm的方块。

02 刷去洋菇表面的脏污，切成1cm的方块。

03 将洋葱切成8mm的块状。

04 牛肝菌干放入装满100mL水（用量外）的盆中，约浸泡30分钟。

05 牛肝菌干泡软之后，拧干水分切成1cm的块状。浸泡的水留下备用。

06 加热锅中的蒜香橄榄油。

07 待大蒜散发出香气后，加入洋葱拌炒。

08 洋葱轻炒后，将没有洗过的米加入锅中混拌。

09 待米加热后，倒入白葡萄酒并待其酒精挥发。

10 热高汤加至可完全浸泡锅中白米为止，炖煮15～18分钟。Ⓟ 在此摇动锅混拌而不要用刮勺混拌。

11 加热平底锅中的橄榄油，加入所有的菇类拌炒。Ⓟ菇类所含的水分较多，因此需用大火拌炒。

12 将菇类拌炒至如照片呈茶色为止。Ⓟ不要让菇类相叠地均匀拌炒至呈焦色。

13 在平底锅中撒上盐、胡椒调味，轻轻混拌。Ⓟ菇类只要调味后，就不会产生水分而可以提引出美味。

14 在步骤10的炖饭中途若水分变少，再添加高汤，随时保持水分盖过米饭的状态。

15 在炖饭煮好前加入浸泡过牛肝菌的汤汁上层清澈的部分。注避免连同沉淀在底部的杂质一起倒入，所以不加入全部的汤汁。

16 将步骤13拌炒过的菇类倒入15的锅中。

17 待米粒稍残留有硬芯时，放入黄油、盐、胡椒，迅速地摇动锅混拌乳化炖饭汤汁。

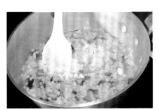

18 在步骤17的锅中加入帕马森干酪，用刮勺轻轻拌匀。Ⓟ水分不足时可以添加高汤调节。

19 盛盘，香芹装饰。Ⓟ轻敲盘子的底部时，炖饭向旁边摊开的硬度是最佳状态。

Point

要将剩余的米饭制成炖饭时

先在锅中煮沸高汤，将剩饭放入，加入拌炒好的菇类、黄油、盐、胡椒和帕马森干酪，再煮2～3分钟即可简单完成。

冷冻米饭可以先放在冷藏柜解冻之后，再与材料一起放入锅中。

Mistake!

炖饭的口感吃起来，总感觉缺少点什么

白米拌炒不到位，在混拌米饭时又过度搅拌就是口感不佳的原因。因为米饭混拌过度很容易释出黏性，所以炖煮时不要过度混拌，只在快完成时，添加奶油之后充分混拌使其乳化是非常重要的。

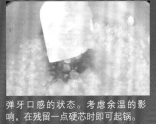

弹牙口感的状态。考虑余温的影响，在残留一点硬芯时即可起锅。

加入过多水分、过度炖煮、过度搅拌，会让炖饭煮成稀饭。

意大利米与中国米的不同

不管是意大利或中国，米都是重要的食材之一

意大利米和中国米

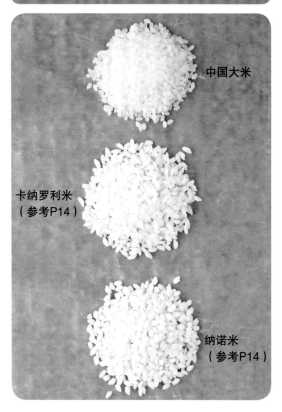

中国大米

卡纳罗利米
（参考P14）

纳诺米
（参考P14）

用中国米制作炖饭的重点

1.不要过度混拌
加入高汤炖煮时，木勺要伸至锅底充分翻拌。但过度翻拌会捣碎米粒。

2.与其用新米不如用陈米
和新米相较陈米的黏性较低。新米因含水分较多，煮起来会比较柔软。

意大利米的种类

名称	大小	加热时间
Superfine（卡纳罗利米carnaroli）	稍大	16～18分钟
Fino	稍大	14～16分钟
Semifino（纳诺米nano rice）	较小	13～15分钟
comune	最小	12～13分钟

意大利米是依米粒大小来区分的

　　大家都说意大利虽然地处欧洲，但却是个经常食用米的国家。特别是意大利北部的波河流域，是有名的水稻产地，邻近的大区也有使用大米的料理。在中国，米饭是作为主食，享用米饭本身的味道，但在意大利除了炖饭外，米饭都是用于汤品或沙拉等，被当成蔬菜使用。意大利米以粳米（圆粒米）为主流，细长的香米（长粒米）仅占少数。

　　在意大利是依米粒大小的顺序来分类，最大是Superfine、其次是Fino、次小的是Semifino、最小的则称为comune。烹调炖饭时多半会使用黏度较低的Superfine。

海鲜汤

让人意犹未尽的海鲜汤。

海鲜汤

材料（2人份）

小银绿鳍鱼·············1 条（250g）
草虾·················2 只（80g）
淡菜·················2 个（60g）
洋葱·················1/7 个（30g）
胡萝卜················1/8 根（20g）
芹菜················1/10 根（10g）
鱼高汤···············800mL
水煮番茄··············80g
蒜香橄榄油、橄榄油···各 1 大匙
黄油·················10g
蕃红花···············1 小撮
高筋面粉、盐、胡椒、莳萝
···················各适量

鱼高汤的材料

鱼骨··············由上述而来
洋葱、芹菜、红葱头···各 10g
洋菇················2 个（14g）
白葡萄酒·············100mL
水·················1 1
白粒胡椒·············2 粒
百里香、月桂叶········各少许

Point

将小银绿鳍鱼带血部分和内
脏彻底去除干净。

所需时间
60分钟

01 制作鱼高汤。将洋葱、芹菜、红葱头、洋菇各切成薄片。将白粒胡椒敲碎。

02 剖杀小银绿鳍鱼。用刀背抵住鱼皮刮除鱼鳞。将胸鳍与鱼头一起斜切下来。

03 由肛门附近插入刀子，割开腹部。掏出内脏和切开带血的部分。

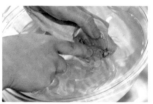

04 在装满冷水的盆中将带血的部分擦洗干净。接着用布将鱼擦干。

05 挖出鱼眼睛。用手指伸入鱼鳃根部取出鱼鳃。注鱼鳃和眼珠是造成高汤混浊的原因。

06 将鱼头朝上放置于砧板，纵向切开鱼头。将残留在鱼头里的内脏洗干净。

07 沿着鱼腹约5mm处插进刀子，沿着中央鱼骨深深切下，将鱼转个方向，在背鳍5mm处也同样切入，片下鱼肉。

08 鱼的另一面，也同样用步骤07的方式片下鱼肉。

09 鱼骨放在装满冷水的盆中浸泡，去除血水。

10 取出残留在鱼肉上的鱼刺，将鱼刺拔干净。P边用左手寻找鱼骨，边仔细地拉出，注意不要拉断鱼刺。

11 将鱼肉切成一口大小。⑥草虾留头，在虾背上划出线条，并除去泥肠（参考P123的步骤13）。

12 用刷子将淡菜表面刷干净。淡菜里的足丝可使用叉子，往贝壳没有连结的方向拉除。

13 在锅里加入沥干水分的步骤09的鱼骨和步骤01的材料、水、白葡萄酒、百里香、月桂叶，加热煮约20分钟。

14 ⑥漂出浮渣时立刻用汤匙捞除。

15 切妥煮汤的材料。将胡萝卜、洋葱、芹菜各切成丝。将水煮番茄过滤备用。

16 在锅中加热蒜香橄榄油和5g的黄油，接着拌炒切成丝的胡萝卜、洋葱、芹菜，加入盐后仔细拌炒。

17 炒好步骤16的蔬菜后，利用网筛将步骤14的鱼汤过滤至锅中。

18 加入水煮番茄、盐、胡椒调味后，继续熬煮。

19 蕃红花放进锅中干煎，稍稍放凉后以手指按压使其变成细末。⑰如果没有按压则无法散发出颜色和香气。

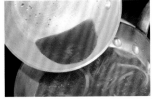

20 在步骤19的锅中加入少许步骤18的汤汁，溶化蕃红花之后，再加入步骤18的汤锅中增添色彩。

21 在鱼肉上撒盐、胡椒和高筋面粉。拍去多余的粉类。⑰沾点粉可以让鱼皮不致粘黏在平底锅上，可以煎得比较漂亮。

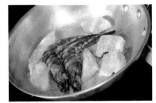

22 在平底锅中加热5g的黄油和橄榄油，放入草虾和鱼肉，以大火煎至散发香气。

23 待草虾和鱼肉煎上色之后，加入淡菜，改为小火。⑥如果继续用大火，加入汤汁时会溅出来。

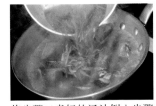

24 将步骤20煮好的汤汁倒入步骤23的煎鱼贝类的平底锅中，略煮2～3分钟。

25 待淡菜壳打开之后，盛盘，用莳萝加以装饰即可。

169

鱼贝类的初加工

使用新鲜鱼类时，应该进行仔细的初加工

虾

用竹签或牙签等挑出泥肠。作为汤底时，带壳的虾味道更鲜美。

墨鱼

握住须脚并将其拉出身体。连皮食用会影响口感，所以使用湿毛巾慢慢地剥除外皮。

鱼的三片切法

首先将鱼头和鱼身切开。接着在腹鳍方向切入，放入装满水的盆中，将带血的部分和内脏清洗干净。

淡菜

用刷子刷去淡菜表面的脏污。足丝则用叉子缠住后，往贝壳没有连结的方向用力拉出。

蛤蜊

连壳在表面撒上盐，利用蛤蜊壳相互摩擦除去表面脏污，接着放入装满水的盆中洗净。

取出内脏后，用湿毛巾将鱼擦干净。请参考P79的三片切法。

原汁原味的鱼贝料理

在意大利几乎所有的鱼贝类都经过加热才食用。烹调方法基本上都是非常简单的烤、炸、炖、煮。特别是用烤箱或网烤时，只加入香草、滴淋橄榄油，是一种原汁原味的烹调方法。

想使食材的滋味在料理中充分地展现，材料必须新鲜。在家里烹调意大利鱼贝类料理时，必须准备新鲜的食材。不管使用什么鱼，都必须用水清洗，并刮除表面的鱼鳞，取出鱼鳃和内脏等。

接下来的初加工会依料理的种类而有所不同，但鱼的三片切法、挑出鱼刺等必不可少，不省略细节的认真操作，正是能够烹调出最接近正宗意大利风味的料理的要诀。

第5章
主菜

专栏

意大利料理和酒的关系

关于意大利的酒类

意大利的个性由此孕育而生，酒精让用餐变得更加愉快！

如何选择与料理搭配的意大利酒类

略带酸味或苦味的酒适合作为餐前酒。因为喝了甜味的酒，会从胃传达饱足感到大脑。相反，餐后酒有适度的甜度，酒精浓度较高时，可以促进消化，也具有放松休闲的效果。

无论什么时候都能任意搭配的是葡萄酒。意大利的20个大区全部都酿制葡萄酒，产量足以与法国匹敌。以白葡萄酒为基底，添加了药草香气的苦艾酒或经常用于鸡尾酒的金巴利酒都清新爽口又略带苦味，最适合作为餐前酒。

餐后酒最为推荐的是以柠檬制成的利口酒、柠檬香甜酒和杏仁甜酒等甜利口酒。这种酒可以直接饮用，也可以调成鸡尾酒来品尝，适合餐点之后饮用。

推荐饮用的餐后酒

渣酿白兰地
用酿造葡萄酒时压榨过的葡萄渣，蒸馏制成的酒。是威尼托大区格拉巴（Grappa）村最盛行的制法。相较于葡萄酒，所含的酒精浓度更强，有着充满野趣的滋味。

布鲁奈罗蒸馏酒
班菲酒庄

柠檬香甜酒
不含添加剂和色素，仅采用手摘柠檬，用特殊的秘方酿制。可以直接饮用，也可以浇淋在冰砂雪泥上享用。

柠檬香甜酒700mL
维拉马萨公司

杏仁甜酒
杏仁利口酒的始祖。将杏仁核萃取出的油脂，与17种香草和水果一起蒸馏而成。具有优雅且甘甜的风味。

芳津杏仁力娇酒 700mL
帝萨诺公司

马沙拉酒
西西里产的强化酒精葡萄酒。4个月以上熟成称为Marsala Fine的种类，入口甘甜是其特征。也可活用于炖煮料理和香煎料理。

"厨师长"马沙拉酒750mL
lighams公司

推荐饮用的餐前酒

金巴利酒
苦橙、藏茴香、胡荽等药草和香草的配方。与柑橘系搭配调成鸡尾酒，直接饮用十分清爽顺口。

金巴利酒1000mL
大卫·金巴利公司

苦艾酒
是1757年创建于都灵的苦艾酒名牌老店。在白葡萄酒中浸泡了药草和香草来增添香气。虽然是较烈的酒但口感中也残留着些许的甘甜。

仙山露白味美思1000mL
大卫·金巴利公司

意大利气泡酒
威尼托大区产的辛烈气泡酒。使用白皮诺、霞多丽品种葡萄酿制成具有果香且辛辣爽口，不管搭配哪种料理都是最合适的餐前酒。

梦特贝洛绝干高泡白葡萄酒 750mL
梦特贝洛公司

Saltimbocca alla romana

罗马风的跳进嘴里

这是一道罗马的地方料理，名为"跳进嘴里"。

罗马风的跳进嘴里

材料（2人份）

小牛腿肉（可用牛肉或猪肉替换）
...............................180g
生火腿...............4 片（32g）
鼠尾草...............6 片
鸡高汤...............50mL
小牛高汤...............30mL
黄油...............5g
黄油（酱汁用）...............5g
白葡萄酒...............25mL
橄榄油...............1 大匙
高筋面粉、胡椒.......各适量

芹菜泥酱汁的材料

马铃薯...............1/2 个（80g）
芹菜...............1/5 根（20g）
牛奶...............50mL
鲜奶油...............2 小匙
EXV 橄榄油 ....2 小匙
盐、胡椒...............适量

Point

小牛肉要在短时间内烤香。

所需时间
30分钟

01 制作芹菜泥酱汁。削去马铃薯皮，切成1cm的厚片。

02 去除芹菜筋，切成1cm的厚片。

03 在锅中放入步骤01的马铃薯、步骤02的芹菜以及牛奶，再加入足以将材料覆盖的水（用量外），煮约15分钟。

04 试着用竹签戳刺马铃薯，煮至可以轻易刺穿时即可熄火。将汤汁留下备用。

05 用网筛过滤马铃薯和芹菜。Ⓟ 左手按压在木勺上辅助过滤。

06 将过滤后的马铃薯和芹菜放入另一个锅中，加入鲜奶油、EXV橄榄油、盐、胡椒，同时也加入1勺汤汁。

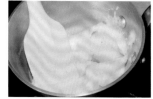

07 以小火加热，用刮勺混拌至泥状。如果过硬，可以适量添加汤汁以调整浓度。Ⓟ盖上锅盖使其不致干燥。

08 制作跳进嘴里。将小牛肉切成4片薄片。

09 将切成薄片的小牛肉排在砧板上，在每片肉上放1片鼠尾草。

10 从上方用生火腿片斜斜地将小牛肉片包卷起来。Ⓟ要预想到接下来敲拍肉片的动作，所以可卷得稍微松一点。

174

11 因生火腿中含有盐分，所以上面只撒上胡椒即可。砧板上包覆保鲜膜，将小牛肉放在保鲜膜上，接着再紧密地包覆上保鲜膜。

12 将肉槌沾湿后，敲打小牛肉。P借着敲打肉片，使生火腿和牛肉更加紧密结合不易松脱，同时也可以让肉质变得柔软。

13 拿掉小牛肉上的保鲜膜，撒上高筋面粉，并拍落多余的粉。P沾裹上粉可以让肉片均匀地煎出焦色，也可以适度增加酱汁的浓度。

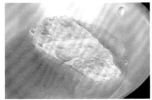

14 在平底锅中加热橄榄油和奶油，待油脂颜色稍稍加深后，将小牛肉摆放鼠尾草的那一面朝下放入锅中煎香。

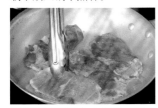

15 当单面煎至颜色金黄后，用夹子等工具翻面。

16 全部的小牛肉都翻面后，倒入白酒并待酒精挥发。

17 接着加进小牛高汤和鸡高汤，转动平底锅使其均匀混拌。

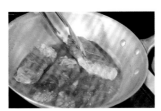

18 再次将肉片翻面，使其完全吸收了酱汁后，再煮约1~2分钟取出。

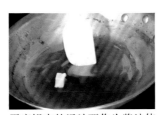

19 平底锅中的汤汁要作为酱汁使用，所以再度放入黄油加热，熬煮至浓稠。

20 将芹菜泥酱汁摊平在盘中，摆放上跳进嘴里。从上方浇淋下步骤19的酱汁，以鼠尾草加以装饰。

Point

肉槌要先用水沾湿

在敲打肉片时，肉槌先用水沾湿，这样不容易敲破保鲜膜，同时滑动性也会比较好。另外，鼠尾草的香味也可以恰到好处地转移至肉片上，使完成时的风味更佳。肉片若厚度一致，香煎时更为均匀，这也是敲打肉片的效果。

太用力敲打肉片会使肉支离破碎，务必多加留意。

为了能烹调出柔软且香味四溢的成品

Saltimbocca的意思就是"跳进嘴里"，也就是立刻可以完成烹调的料理。用平底锅煎烤，要在里侧的肉汁完全烧干前翻面，煎至出现煎烤色，因为是用大火加热，所以迅速地煎熟肉片是非常重要的。

用大火将两面煎至黄金色，中间是美味多汁的成品。

拉齐奥大区的料理和特色

罗马的饮食与文化

罗马 拉齐奥大区

主要特产

1. 意式培根

盐腌猪五花肉干燥而成的加工肉品。以意式培根和黑胡椒提味做出的"培根蛋面"就是罗马的代表料理。

2. 佩科里诺罗马诺羊乳奶酪（Pecorino Bomano）

在羊乳做成的佩科里诺奶酪中，佩科里诺罗马诺羊乳奶酪也是意大利最古老的奶酪。至少需要8个月的熟成期，盐分较高且稍呛的味道是其特征。

3. 朝鲜蓟

罗马最具代表性的特产，在盛产的5月还会开展著名的祭典活动。以镶肉的"罗马洋蓟（carciofi alla romana）"最为著称。

其他物产

自古罗马时代就开始被使用至今的梦幻调味料鱼露（鱼酱油）"Garum"。在平原地区的马铃薯和花椰菜也是特产。

代表性的料理

跳进嘴里

使用特产小牛肉和生火腿组合而成的主菜。意思就是快速香煎即可享用的料理。

面疙瘩

罗马风味是将粗粒小麦粉和牛奶一起揉搓，加入帕马森干酪和黄油一起制成。

番茄培根意大利面

意式培根、盐腌猪颊肉和番茄酱汁一起烹调而成的意大利面。

罗马，中立的饮食文化、历史和文化的桥梁

以基督教教廷而独立的国家梵蒂冈就在本地区。有着三千多年历史的罗马，是意大利共和国的首都，也是拉齐奥大区的首府。罗马，被赞誉为"永恒之都"，古罗马竞技场、万神殿、奥古斯都神殿等，为数众多的历史建筑都诉说着当年的荣耀。或许正是因为这份神圣，所以在罗马，至今仍保持着特定的饮食习惯：神圣的周五来临前的周四，会吃马铃薯面疙瘩；周五则是质朴的鳕鱼干；接下来的周六吃的则是可以滋养精力的牛肚。

罗马的近郊，受地中海式气候的影响，畜牧和农业比较发达。其中称为"Abbacchio"的羔羊和由羊乳制成的佩科里诺罗马诺羊乳奶酪，都是拉齐奥大区引以为豪的食材。

Pollo alla cacciatora

猎人式烩鸡肉

因为使用的是带骨全鸡，更彰显出深度的美味。

猎人式烩鸡肉

材料（2人份）

全鸡（小）…………1只（700g）
洋葱………………1/3个（80g）
胡萝卜……………1/8根（25g）
鸿喜菇……………1/4包（25g）
鸡高汤……………200mL
白葡萄酒…………25mL
番茄酱汁…………80mL
黑橄榄（带核）………4个
洋菇………………2个（16g）
切碎的荷兰芹………1小匙
橄榄油、蒜香橄榄油……各1大匙
黄油………………15g
面粉、盐、胡椒………各适量

Point

学会如何漂亮、干净地分切
全鸡。

所需时间
45分钟

※处理全鸡的时间除外。

01 将洋葱和胡萝卜切碎，切除鸿喜菇的底部，并将其分成小株，将洋菇切成6等份。

02 加热锅中的蒜香橄榄油至散发出香味，放入切碎的洋葱和胡萝卜拌炒。

03 在鸡腿、鸡翅中段、鸡胸肉上撒上盐、胡椒并轻轻揉搓。Ⓟ因鸡腿和鸡胸肉较厚，所以可以多撒点盐。

04 在步骤03的鸡肉上按压面粉。轻拍鸡肉甩掉多余的粉类。Ⓟ甩掉多余粉类可以让表皮煎得漂亮，而且鸡皮不会粘黏在平底锅上。

05 在较大的平底锅中加热橄榄油和5g的黄油，将鸡肉两面煎至金黄色。Ⓟ也可以使皮和鸡肉间多余的油脂流出来。

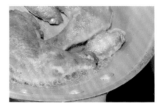

06 在弯曲骨头周围的腿肉和鸡胸肉，可将平底锅略微倾斜，让鸡肉仿佛油炸般煎熟。起锅后放置在铺有网架的浅盘上沥干油脂。

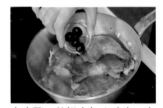

07 在步骤02的锅中加入鸡肉、白葡萄酒、番茄酱汁、鸡高汤、黑橄榄。并用盐、胡椒调味。

08 盖上锅盖煮约10分钟。捞除浮渣并保持沸腾的状态。

09 在平底锅中放入并加热剩余量的10g黄油，将鸿喜菇和洋菇拌炒至颜色略深散发出香味。

10 将步骤09的材料放入步骤08的锅中，将鸡肉翻面使中间熟透，即完成。盛盘，撒上荷兰芹的碎末加以装饰。

分切全鸡的方法

01 将全鸡拉开靠近炉火烧去表面的细毛。

06 用宽幅厚刀切下两边的翅膀，分切开翅膀的中段和尾段。

11 鸡背朝上，胸肉朝下放置，刀子沿着肩胛骨划入直至底部。

02 先用湿巾将鸡的表面擦拭过，取出鸡屁股前端奶油色的脂肪和屁股内侧的脂肪。

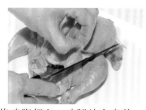

07 将鸡腹朝上，鸡腿放在身前，抓住两侧大腿和鸡胸间的鸡皮，用刀子在中间连结处划下切口。

12 将鸡头的方向朝上，以左手握着背骨，右手抓住鸡胸将左右分开，用刀子切断背骨上的筋。

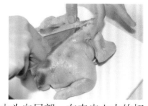

03 由头向尾部，在表皮上大约切入5cm左右。

08 将手指伸入步骤07的连结处的切口，以两手拇指推压鸡腿的根部，像要折断般地使腿部的骨头脱出。

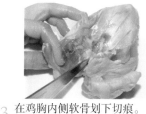

13 在鸡胸内侧软骨划下切痕。

04 由内朝外翻出，将鸡胸侧朝上放置，并用湿毛巾抓除脖子附近的白色脂肪。

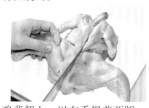

09 鸡背朝上，以左手提着两腿，划下十字形的纵向和横向切口。

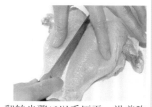

14 翻转步骤13以手压平，沿着胸骨将鸡胸肉对半切开。

05 用刀子将V字形锁骨处切开，以手指推开鸡肉拔下鸡骨。

10 边切断鸡腿关节上的筋，边从腰骨处卸下鸡腿。

15 切除鸡胸肉上残留的胸骨。

全鸡分切法的要诀

使用全鸡来烹调，可以让料理更有风味

刀子划入的部位就是这里

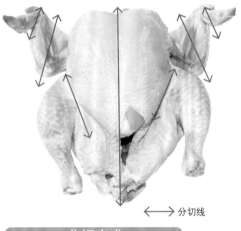

←——→ 分切线

分切完成

分切全鸡的重点

翻开鸡皮，除去多余的脂肪。若是不好去除，可以用湿布擦试取下。不要忘了卸下V字形锁骨。

翅膀的部分，分切成翅膀尾段和中段。骨头无法切断，所以分切关节处即可切开。

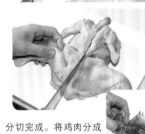

在鸡背上划下十字切痕。从肩胛骨下方切入，将手从头部伸进去，拉扯胸侧和背上的鸡骨架，将其剥下。

分切完成。将鸡肉分成4大块。料理时可使用鸡胸肉、鸡腿肉和中段鸡翅。鸡翅尾段、鸡骨架、软骨和V字形锁骨则可用于制作高汤。

首先要熟练分切的顺序

在意大利料理中，鸡肉是主要材料。在P178中介绍的猎人式烩鸡肉就可以使用全鸡炖煮或网烤等，料理的变化十分丰富。如果鸡肉的料理是使用全鸡，翅膀、肉、皮等会释放出各种美味，让整体的滋味更好，如果有时间，也可以试着分切全鸡。

在分切全鸡时，使用宽幅厚刀。首先在分切鸡肉前，因鸡皮的表面会有细毛，所以可以举起鸡的腿部，将表皮靠近炉火烧去表面的细毛。

从鸡腿部分开始分切，接着再切开翅膀、鸡胸。鸡骨架、软骨、V字形锁骨都可用于鸡高汤的熬煮。

酥炸鱼贝海鲜

可以享受到一粒粒玉米粉的香酥口感。

酥炸鱼贝海鲜

材料（2人份）

草虾	2只（80g）
长脚章鱼（小）	2只（40g）
南瓜	40g
杏鲍菇	1根（30g）
茄子	1/2根（35g）
甜豆	4根（20g）
罗勒叶	2片
柠檬	1/3个（30g）
玉米粉	1杯
面粉、蛋液	各1/2杯
盐、胡椒	适量

酱汁（Salsa Verde）的材料

大蒜	1/2片（5g）
香芹叶	10g
酸黄瓜	15g
酸豆（醋渍）	10g
鳀鱼（片状）	1片（5g）
白酒醋	1大匙
鸡高汤	30mL
EXV 橄榄油	30mL
盐、胡椒	各适量

Point

炸鱼贝类很容易溅油，所以要充分擦干水分。

所需时间 30分钟

01 将杏鲍菇纵切成4片。

02 用刀子切除南瓜皮至稍稍留有薄皮的程度。

03 将南瓜切成8mm厚的片状。剥除甜豆的筋。

04 取出草虾的泥肠，剥除虾壳仅留下尾部。

05 用刀在虾上划2/3深的切痕。Ⓟ这样可以让油炸后的虾不会弯曲。

06 将长脚章鱼的须脚各4根纵切成2等份。

07 用刀子分切头脚，须脚再分切为2根相连的状态。

08 茄子纵切对半之后，再横向对切。放入装满水的盆中释出涩味，接着再用厨房纸巾擦干水分。

09 将柠檬分切成2片半月形，用刀子切入果皮和果肉间的白色薄膜，划出一小片果皮。

10 将划出的果皮打结作为装饰。Ⓟ在果肉上斜切出2~3道刀口，这样在挤出果汁时才不会四散纷飞。

11　准备装满面粉的浅盘。将杏鲍菇、茄子、南瓜、甜豆撒上盐、胡椒，接着再沾裹上面粉。

12　沾裹了面粉的蔬菜类可以放在网筛中甩落多余的粉类。ℙ如果粉类沾裹过多时，就无法顺利沾裹上蛋液了。

13　将材料沾裹放在浅盘中的蛋液。ℙ可以在蛋液中放入盐、胡椒、油和水等调味。

14　将步骤13的蔬菜移至倒满了玉米粉的浅盘中，使全体均匀沾裹。ℙ也可撒些玉米粉在食材上并用手轻轻按压。

15　鱼贝类擦干水分后，放入装满面粉的浅盘中，使其充分地沾裹到面粉。甩落多余的粉类。

16　将步骤15放入装有蛋液的浅盘中，沾满蛋汁后，再移至装有玉米粉的浅盘中沾裹。

17　将炸油加温至170℃时，直接油炸罗勒叶。最好是能炸到酥脆。ℙ因为油会溅起来，所以可拿起锅盖作为保护遮挡一下。

18　油温升高至180℃时，放入蔬菜类油炸。ℙ一旦放入油就会溅起来，所以轻轻地放入1/3至油锅后，立刻离手。

19　材料全部油炸成金黄色。ℙ将炸网上下拉起抖动使油可以滴落沥干。

20　制作酱汁。将大蒜和酸黄瓜切成粗碎粒。

21　将步骤20的大蒜和酸黄瓜、罗勒叶、鳀鱼、酸豆一起放入搅拌机中。

22　接着放入鸡高汤、白酒醋。

23　滴淋入EXV橄榄油之后开始进行搅拌。ℙ当搅拌器不易搅动时可以添加橄榄油或鸡高汤。

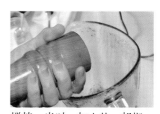

24　搅拌一半时，加入盐、胡椒。将炸好的食材盛盘，放上柠檬之后再淋上酱汁。

意大利料理的诀窍与重点 ㊱
威内托大区的料理和特色
灵活运用丰富的食材所创造的优雅不凡的家庭料理

主要的特产

1. 玉米粉
玉米粉在过去被当做主食，现在则是搭配料理使用。

2. 鳕鱼（鳕鱼干）
鳕鱼干，只要浸水就可以泡软，一般会和牛奶或葡萄酒一起炖煮。也会放入搅拌器中搅拌成酱汁使用。

3. 渣酿白兰地
葡萄榨汁后发酵蒸馏而成的白兰地。巴萨诺－德尔格拉帕小镇村产的最为著名。

其他物产
青豆、大豆、鸡蛋、白芦笋等，茴香和红洋葱等的种植也很普遍。

代表性的料理

鳕鱼干慕斯
经过2天的浸泡就可以将鳕鱼干还原，用牛奶煮后制成慕斯。和烤玉米糕一起食用是威内托大区特有的食用方法。

意大利玉米糕
玉米粉和水、橄榄油、盐一起拌煮后，趁热食用。

粗圆意大利面
将全麦面粉放入意大利面专用的压面机中，可做出条状的粗圆意大利面。

贵族传统与家庭风味相融合

　　威内托大区位于意大利的北部，它的首府就是被称为"水都"的威尼斯。威尼斯的街道和狭窄的水路如今已成为世界文化遗产。中世纪时的威尼斯因为贸易而繁荣，一度成为威尼斯共和国，繁盛至极。

　　据说威尼斯共和国时代，贵族们夜夜笙歌，汇集各国的食材和香料，极尽所能地造出奢华的料理。受到过去时代的影响，在威尼斯使用香煎小牛肝和胡椒制成的酱汁等食物，就是当年流传至今的美味佳肴。

　　这里不仅有贵族饮食文化，更多的还是家庭风味料理，食材主要利用在这块肥沃平原上所种植出的蔬菜和谷类，以及从亚得里亚海输送过来的鱼贝类。优雅的贵族传统与朴实的家庭风味相融合，正是威内托大区料理的特色。

烘烤石鲈

用整条石鲈烘烤，品尝时能感受到大自然的情趣。

烘烤石鲈

材料（2人份）

石鲈鱼‥‥‥‥‥‥‥1 条（400g）
紫洋葱‥‥‥‥‥‥‥1/2 个（75g）
马铃薯（小）‥‥‥‥4 个（320g）
柠檬‥‥‥‥‥‥‥‥1/2 个（50g）
橄榄油‥‥‥‥‥‥‥2 大匙
百里香‥‥‥‥‥‥‥2 枝
月桂叶‥‥‥‥‥‥‥3 片
迷迭香‥‥‥‥‥‥‥2 枝
盐、胡椒‥‥‥‥‥‥适量
罗勒酱（参考 P21）‥4 大匙

Point

一定要将鱼的内脏清洗干净。

所需时间
40分钟

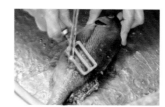

01 一边将鱼冲水一边用刮刀刮除鱼鳞。鱼鳍附近的鱼鳞用菜刀刮落。℗边冲水边刮鱼鳞，鳞片不会四散纷飞。

02 将鱼移至浅盘上，将背鳍朝上，用剪刀由尾部向头部剪下背鳍。

03 取出鱼的内脏。在鱼腹肛门处切入约1cm，剪下与肛门相连的鱼肠。

04 打开鳃盖，以剪刀剪开鱼鳃两边的底部。

05 打开鱼嘴，插入竹筷，一根筷子从一侧鱼鳃上方刺进内脏。另一侧也同样插入另一根筷子，在内脏当中有两根竹筷交错着。

06 左手握在鱼鳃盖上，右手握着竹筷，边转动边抽拔出来，内脏就会缠在筷子上拉出。㊟如果两根筷子只是插着而没有夹住内脏，就无法取出。

07 放在水池中，将水冲入鱼口。用竹筷子拉动以洗净带血的部分，洗至从鱼腹肛门处流出的水不再带有内脏或血水为止。

08 握住鱼尾，使鱼腹内的水分能从口中流出。再将鱼放在平坦的位置，用布巾将水分擦干。

09　在石鲈的身体上切出切口。移至浅盘中，撒上盐、胡椒，并将橄榄油揉进切口中。

14　制作罗勒酱（参考P21）。切开柠檬做成装饰形状。

19　将鱼头和中央鱼骨放在盘子旁边。将下方的鱼肉和腹骨分开，移至新盘子上。

10　将百里香、月桂叶、迷迭香沾裹在鱼身上。

15　分切烤好的石鲈，将鱼取放至盘子上。首先从头部和胸鳍下刀。

20　盛盘时，将鱼皮摆放在上面更美观，烤好的鱼皮有酥脆感。

11　因鱼腹中鱼腥味较重，所以将剩余的香料都塞进鱼鳃中。这样就可以消除石鲈的鱼腥味。

16　沿着中央鱼骨切入，至刀子划到鱼尾的部分。

21　将烤箱烤好的紫洋葱和马铃薯一起放在鱼肉的周围，并淋上罗勒酱，摆上香草和柠檬。

12　洗净紫洋葱并横切成厚1cm的条状。马铃薯洗干净后连皮对半切开。

17　将鱼肉翻至自己的面前。上半部的鱼肉也同样分切。

13　使紫洋葱和马铃薯沾裹盐、胡椒后，铺放在耐热盘上。接着再摆放上石鲈，放至预热至200℃的烤箱烘烤约15分钟。

18　由尾端切入，将中央的鱼骨向上翻起取下。

Mistake!

切开石鲈时才发现里面没有熟

　　如果能够顺利拉出石鲈腹鳍肛门附近的粗骨头，就表示熟了。如果不能顺畅地拉出，就必须在烤箱中再稍稍烘烤一下。

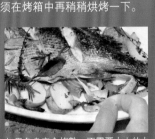

如果鱼身完全烤熟，不需要太大的力气，就可以抽出鱼骨了。

意大利鱼贝料理的特色

活用食材本身的味道进行简单的调味才是意大利料理的风格

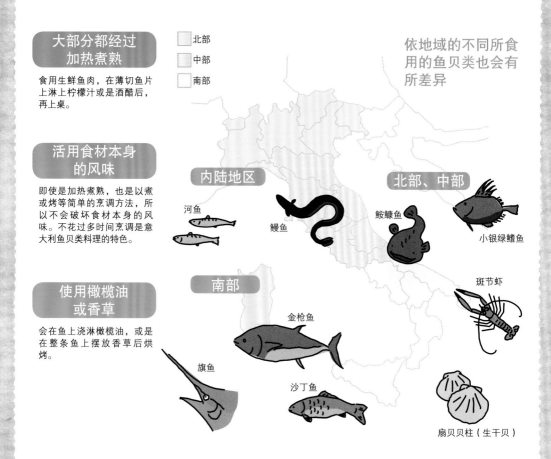

大部分都经过加热煮熟

食用生鲜鱼肉，在薄切鱼片上淋上柠檬汁或是酒醋后，再上桌。

活用食材本身的风味

即使是加热煮熟，也是以煮或烤等简单的烹调方法，所以不会破坏食材本身的风味。不花过多时间烹调是意大利鱼贝类料理的特色。

使用橄榄油或香草

会在鱼上浇淋橄榄油，或是在整条鱼上摆放香草后烘烤。

依地域的不同所食用的鱼贝类也会有所差异

北部
中部
南部

内陆地区

河鱼

鳗鱼

北部、中部

鮟鱇鱼

小银绿鳍鱼

斑节虾

南部

金枪鱼

旗鱼

沙丁鱼

扇贝贝柱（生干贝）

以白肉鱼为主加热过的鱼类料理，非常丰富

在地形南北狭长的意大利，因地区不同可食用的鱼类也不同。料理中经常看到的有比目鱼、鲈鱼、鲷鱼等白肉鱼。还有斑节虾（红虾）或龙虾等较为昂贵的甲壳类食材。意大利中部食用的是鲤鱼或鳗鱼等。不管哪一种鱼，烹调方法都非常简单，以煮和烘烤为主。

除了鲜鱼之外，意大利的加工食品也非常丰富，鳕鱼干和鳀鱼干最具代表性。比较罕见的是和越南、泰国的鱼露一样，意大利也有鱼露（鱼酱油）"GarUm"。将鲭鱼用盐腌渍熟成后，浮在上面清澄的汁液，就是古罗马时所使用的调味料。现在据说在南部切塔拉（Cetara）渔村中仍有制作，也可以在市场购得。

煎烤小羊排

煎烤的小羊排，纤细而柔软的滋味绝对是香烤的代表。

煎烤小羊排

材料（2人份）

带骨小羊排（或是里脊）
…………………………4支（400g）
小番茄……………………6个（60g）
水芹菜………………………2根
EXV 橄榄油、橄榄油
…………………………各1大匙
盐、胡椒…………………适量

巴萨米克醋酱汁的材料
巴萨米克醋……………30mL
黄芥茉粒…………………1小匙
柑橘皮果酱………………1小匙
切碎的香芹和百里香
…………………………各1小匙
EXV 橄榄油 ………………1大匙

马铃薯泥的材料
马铃薯……………1个 +1/3个
…………………………（200g）
戈贡左拉蓝纹奶酪……50g
虾夷葱（西洋细葱）……1大匙

水煮茴香的材料
茴香茎……………1/2个（70g）
鸡高汤………………300mL
黄油……………………5g
盐、胡椒…………………适量

Point

网烤的纹路要平均。

所需时间
40分钟

01 制作水煮茴香。将茴香的茎切成小半圆形。

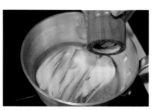

02 加热锅，放入鸡高汤、步骤01的茴香、黄油、盐和胡椒，待沸腾后转成小火，约煮15分钟。

03 煮好的茴香捞起放在铺有厨房纸巾的浅盘中。

04 制作马铃薯泥。将马铃薯切成2cm的方块，泡水释出淀粉。

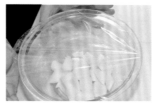

05 沥干马铃薯的水气后，移至耐热盆中，微波炉加热约3分钟。

06 将虾夷葱切成小葱花。注意不要将葱花切糊了。

07 将步骤05的马铃薯微波至竹签可以刺穿即可。待微波结束后，可以利用瓶子的底部将马铃薯压碎。

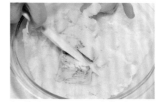

08 趁着步骤07的马铃薯热的时候，放入戈贡左拉蓝纹奶酪，用刮勺将奶酪压碎并与马铃薯混拌。

09 将EXV橄榄油和步骤06的葱花加入混拌。

10 将带着番茄蒂的小番茄放入盆中，加入橄榄油、盐、胡椒，用手使其均匀沾裹。

11　用刀背刮除粘在小羊排肋骨上的筋。ⓟ筋若是留在骨头上，在烘烤时会烤成焦色，不美观。

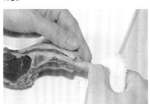

12　用湿布将骨头擦干净。

13　把小羊排并排放在浅盘中，浇淋上EXV橄榄油，撒上盐、胡椒。ⓟ如果肉是冰冷的状态，请放至常温后再煎烤。

14　将小羊排放在以大火烧热的网状锅上。ⓟ小羊排要对齐网眼儿斜放在铁锅上。

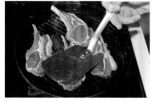

15　用锅铲的背面按压小羊排，使其呈现出煎烤的纲目。为使烧好的小羊排上呈现格状烤纹，再将小羊排转动90°方向煎烤。

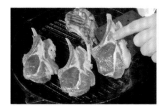

16　单面煎烤结束后，翻面。依照步骤15的要领煎烤另一面。

17　等两面都煎烤完毕后，将小羊排移至放有网架的浅盘中以沥干油脂。ⓟ表面上有淡淡血色渗入其中时，表示烘烤得十分成功。

18　将步骤10的小番茄放在铁锅上，番茄蒂朝上大火煎烤。

19　煎烤出网状纹路时，转动番茄的方向，使其煎烤成格子模样。ⓟ可以抓着番茄蒂确认煎烤的情况。

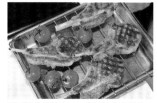

20　番茄烤好后，一样放在步骤17的浅盘上。

21　制作巴萨米克醋酱汁。在锅中倒入巴萨米克醋，熬煮成原分量的一半。

22　当巴萨米克醋熬煮后，放入黄芥茉粒、柑橘皮果酱，并用打蛋器混拌。

23　在步骤22中加入切碎了的香芹、百里香、EXV橄榄油。将小羊排盛盘，淋上酱汁并搭配上水芹菜。

Mistake!

无法在小羊排上煎烤出漂亮的格纹！

一经烘烤肉片就会卷起来，所以必须用锅铲稍加按压，使其出现煎烤的纹纹。另外，当肉卷起时，不要过度拉扯，抬起肉片后再进行按压。

如果没有用锅铲按压肉片，烤出来的格纹就不太漂亮。

了解意大利引以为豪的葡萄酒

凌驾于葡萄酒王国法国之上，每年都在持续成长

意大利的两大葡萄酒

托斯卡纳大区的葡萄酒

以桑娇维亚品种葡萄酿造的红葡萄酒"基安蒂/古典基安蒂"最为有名。其他的如"莫瑞里诺"等也都是非常有名的。

皮埃蒙特大区的葡萄酒

使用产量稀少的纳比奥罗葡萄品种酿制的"马罗洛"、"巴巴莱斯科"是世界闻名的葡萄酒。在都灵东南部酿制的气泡酒"阿斯蒂气泡酒"等也非常著名。

蒙达奇诺·布鲁奈罗
750mL
班菲酒庄

力宝山路
750mL
花思蝶酒庄

古典基安蒂
750mL
奇迹酒庄

其他大区的葡萄酒

意大利南部唯一受到D.O.C.G.认定的"Taurasi"有着高雅的气质。

艾米利亚–罗马涅大区的"Lambrusco"，夏天也很适合搭配桃子一同品尝。

马尔凯大区的白葡萄酒"Verdicchio"辛烈中带着酸味。

普利亚大区的"Casteldel monte"当中，以辛烈红酒最有名。

莫斯卡托甜白
750mL
贝萨诺酒庄

巴巴莱斯科
750mL
贝萨诺酒庄

马罗洛
750mL
普鲁诺托酒庄

南北狭长的地形孕育出多样的风味

意大利和法国可以说是不分伯仲，同为世界著名的葡萄酒产地。因南北狭长的地形，而有着多样性的气候和土壤的意大利，可以栽种各种各样的葡萄。目前已被认知的葡萄品种就有1000多种，因此意大利的葡萄酒被称为是"世上最复杂且最多彩多姿的葡萄酒"。

意大利20个大区都酿造葡萄酒，其中皮埃蒙特大区和托斯卡纳大区，更是以葡萄酒而闻名的两大产地。

意大利葡萄酒的等级

D.O.C.G.
意大利葡萄酒的最高等级。现在受到认可的共有35款酒。

D.O.C.
次于D.O.C.G.的等级，被认定的酒款共有270种以上。

Vino da Tavota
佐餐酒。不需标示使用葡萄品种和产地的葡萄酒。

鲜镶墨鱼

为保持墨鱼的美味口感，注意不要煮得太久。

鲜镶墨鱼

材料（2人份）

墨鱼（20cm 左右的大小）
....................2 只（500g）
水芹菜（装饰用）......2 根

填入材料

法国长棍面包.........30g
蛋液..............1/4 个（15g）
酸豆（醋渍）、蒜香橄榄油
..................各 1 小匙
帕马森干酪（磨成粉状）
....................10g
松子..............1 大匙
盐、胡椒..........适量

酱汁的材料

黑橄榄（带核）........2 个
鳀鱼（片状）.......1 片（5g）
白葡萄酒...........50mL
鸡高汤...........150mL
番茄..........1/2 个（100g）
香芹............2 根
蒜香橄榄油（汤汁用）
..................1 大匙
盐、胡椒..........适量

Point

不要在墨鱼里塞入过多的
材料。

所需时间
60分钟

01 将墨鱼身上的软骨和身体间的筋拨开，各握住须脚和身体用力拉出。

02 以手指拔出墨鱼身上的软骨。

03 利用毛巾撕下墨鱼尾部三角形尾鳍和身体上的薄膜。将墨鱼身体内部清洗干净，并用布巾拭去水分。

04 步骤01中拉出的须脚，用刀从眼睛下方切开。切下墨鱼嘴，拿着墨鱼边用刀背刮除吸盘和皮膜。

05 把须脚和尾部三角形尾鳍洗干净，擦干切成粒状。

06 将法国长棍面包用研磨工具磨成细粉，如果面包太软，可以用手撕成小片。

07 将香芹切碎。

08 取出黑橄榄核切成圆圈状，再切成碎粒。将酸豆切碎备用。

09 在盆中放入步骤06的面包、步骤05的尾鳍和须脚，加入帕马森干酪。

10 在步骤09的盆中加入蒜香橄榄油、切碎的酸豆。

11 在步骤10的盆中加入以170℃预热的烤箱烘烤了8分钟的松子、蛋液、盐、胡椒。

16 在平底锅中加热蒜香橄榄油至散发香气。

21 加入番茄煮至沸腾，转成小火，盖上锅盖约煮25分钟使其入味。

12 用手将材料拌匀。

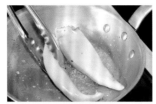

17 放入步骤14的墨鱼，煎至两面变成白色。ⓟ因墨鱼会缩起来，所以煎时要不断地翻动。

22 当墨鱼煮熟后，放在浅盘上抽出牙签。先放在稍热的地方，再切成适当的圈状，盛盘。

13 将步骤12的材料塞入墨鱼的身体中，约塞至8分满。边用手抚平边整理外观。

18 将鳀鱼和黑橄榄加入步骤17平底锅有空位的地方。鳀鱼用刮勺均匀捣碎拌炒均匀。

23 在步骤21的酱汁中加入切碎的香芹，试过味道后浇淋在墨鱼上，再用水芹菜加以装饰。

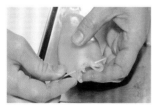

14 在墨鱼开口处插上牙签固定。ⓟ如果墨鱼的身体太硬，无法以牙签刺穿时，可用针线缝起，盛盘时再拆线。

19 倒入白葡萄酒，并待其酒精挥发。

15 将番茄热水氽烫去皮后（参照P122），切成碎丁。

20 接着倒入鸡高汤，加入盐、胡椒调味。

Mistake!
墨鱼的身体在烹调过程中破了！

这是因为墨鱼身体里面塞入的材料太满，大约塞至8分满即可。牙签的刺入要像缝合般地插妥，否则填入的材料会掉出来。

牙签大约在距离身体边缘8mm的位置刺入。

各式各样的意大利面包

意大利面包制作简单且可长期保存

爵巴塔面包（Chiabatta）
名字为"拖鞋"之意，有着细长形外观，是伦巴第地区的面包。

玫瑰面包
中间形成空洞、玫瑰花形状的小型面包。有专用的模型可以制作。

意大利面包棒（Grissini）
发源于都灵，最能代表意大利的棒状面包。有各式各样的种类。

达拉里（Traralli）面包圈
是将棒状面团围成圈状，烫煮过后再烘烤成的面包。点心般的口感是其最大的特征。

佛卡恰面包（Focaccia）
以高筋面粉、天然盐、橄榄油混拌制成，是意大利特有的扁平形面包。

与意大利面和米饭相比，是更不可或缺的重要主食

　　从公元395年罗马帝国灭亡至统一为止，意大利各地孕育出不同的饮食文化。和意大利面一样，各地有着各种各样的面包。其中最受欢迎的是佛卡恰和玫瑰面包，都是最早的佐餐面包。食用上，北部是涂抹奶油，南部则是蘸上橄榄油。意大利面包不管是哪一种，作法都非常的简单，虽然会因地区和店家的不同而出现各式各样的面包，但基本上都以面粉、盐、水和酵母来制作，因此非常好保存。

　　虽然意大利人经常食用米饭和面食，但也非常重视面包，基本上是面包不上桌就无法开始用餐。

Salsiccia fatto in casa

自制手工香肠

有着爽脆口感且风味浓醇的猪肉香肠。

自制手工香肠

材料（直径1.5cm挤压嘴制成6条的分量）

猪腿绞肉	30g
猪皮	100g
意式腊肠	40g
洋葱	1/4 个（50g）
鸡高汤	500mL
盐	3g
胡椒	1/2 小匙
迷迭香（干燥）	1/3 小匙
猪肠衣（天然或人工）	1m
橄榄油	1 大匙
黄油	10g
装饰用迷迭香（新鲜）	1 株

蒸煮卷心菜和苹果的材料

卷心菜	1/7 个（200g）
苹果	1/5 个（60g）
葡萄干	大匙
鸡高汤	100mL
黄油	8g
盐、胡椒	适量

炖煮扁豆的材料

扁豆（干燥）	30g
百里香	1 枝
月桂叶	1 片
EXV 橄榄油	1/2 大匙
盐、胡椒	适量

Point

为防止猪肠变干，使用前必须泡在水中。

所需时间
170分钟

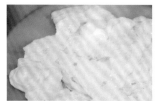

01 因天然猪肠衣是盐腌的，所以要浸泡在装满水的盆中，洗去盐分。人工猪肠也一样必须泡水。

02 在挤花袋口装上制造香肠用的挤压嘴。就着步骤01的盆使猪肠衣在浸泡着水分的状态下，卷起般地将猪肠衣套上挤压嘴。

03 猪肠衣套上挤压嘴后，连同挤压嘴一起泡在水中。⚠变干燥后肠衣可能会破掉。Ⓟ剩下的肠衣将水分挤干后以盐腌的方式保存。

04 在锅中放入猪皮和鸡高汤熬煮约2小时。煮至柔软后捞起，用厨房纸巾擦干水分。并留下3大匙的汤汁备用。

05 将猪皮和意式腊肠切成3mm的块状，洋葱切碎。⚠卷心菜切细，苹果切成5mm块状。

06 在平底锅中加热橄榄油，拌炒步骤05切碎的洋葱。待炒至略有炒色时，移至盆中，隔冰水冷却。

07 将步骤06的洋葱、意式腊肠、猪皮、猪腿绞肉、迷迭香、盐和胡椒加入盆中充分拌匀。

08 将步骤07的盆叠放在装满了冰水的盆上。加入步骤04的汤汁充分混拌至完全吸收。

09 将步骤08的材料放入步骤03的挤花袋中，稍压挤花袋使空气排出。

10 在平坦的工作台上，将材料挤入卷在挤压嘴上的肠衣中。Ⓟ如有可能，最好2个人一起进行作业。

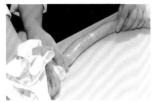

11 ⑫填充肠内材料时，不要塞得太过紧密，挤成七分满。

16 以中火加热锅中黄油，将香肠煎至两面呈金黄色。⑬以强火加热时，会造成香肠破裂。

12 所有的材料都挤入后，将挤压嘴拆下，排出空气后将肠衣前端绑好。

17 制作配菜。将扁豆放入装了水（用量外）的锅中。同时加入月桂叶和百里香一起煮至变软。

13 另一端多余的肠衣，则在绑好后剪下。

18 如照片所示，当扁豆煮好后，浇淋上EXV橄榄油，加上盐、胡椒混拌。

14 在香肠上用手轻压使其摊平均匀。在香肠中央以手指纵向地按压，将肠子按压出6等份大小的痕迹。

19 在锅中加热黄油，将切细的卷心菜和苹果块拌炒。再加入葡萄干、鸡高汤、盐和胡椒，并盖上锅盖闷煮。

15 在手指按压处扭转约10次左右。计算打结所需的长度将香肠一段段固定，用剪刀分切，将香肠的两端绑好。

20 步骤19的材料煮约10分钟，用盐、胡椒调味。将配菜和香肠一起盛盘，再摆上迷迭香加以装饰。

试着用专用工具来制作香肠吧!

猪肠衣、挤压嘴、挤花袋,是必不可少的工具

如果有工具就可以简单地制作香肠了!

1. 胶原蛋白人工肠衣
是胶原蛋白等成分。比天然肠衣更为强韧,可以做成与肠衣等粗的香肠。

2. 天然肠衣
天然肠衣中,有羊肠和猪肠两种。肠衣薄并且较难处理,容易破裂,但只有天然肠衣才有爽脆的口感。

3. 挤压嘴
有直径10mm的香肠专用的,还有较大尺寸用来制作法兰克香肠的。

4. 挤花袋
塑料制成的较好。视挤压嘴的直径将前端剪下后使用。

预备的重点

1
肠衣使用前先用水浸泡至柔软。至挤入材料前必须一直浸泡在水中。

2
将肠衣卷在挤压嘴上,进行肠衣的检查确认。如果肠衣有破损,则切除该段后再使用。

试着做手工香肠吧!

　　自制手工香肠时,可使用天然肠衣或是胶原蛋白制成的人工肠衣。市售的天然肠衣,有盐渍和冷冻两种,肠衣的粗细也有各种尺寸,有一般香肠的尺寸,也有法兰克香肠的较大尺寸。天然肠衣做出来有比较爽脆的口感,但可以视个人喜好来选择。

　　不管是天然肠衣还是人工肠衣,在使用时都必须经过泡水还原作业。还要加注意的是一旦肠衣变干燥,外皮会很容易破裂。在挤压材料时,用右手压住挤花袋,左手则在挤压嘴处控制调整,使香肠能挤成均匀粗细。

　　如果不管怎么试都无法顺利进行,可以将填装的材料调整成棒状,不装入肠衣,而改以煎汉堡般地用平底锅香煎吧。

炖煮牛肚

在炖煮至柔软的牛肚上依个人喜好撒上混合香料Gremolata。

炖煮牛肚

材料（2人份）

牛肚·····················400g
醋························1 大匙
白葡萄酒·················50mL
油炒蔬菜酱（参照 P21）
·······················150g
高汤····················300mL
番茄酱汁················200mL
百里香···················1 枝
月桂叶···················1 枝
蒜香橄榄油···············2 大匙
黄油······················5g

混合香料Gremolata的材料

柠檬皮···················1/4 个
帕马森干酪（磨成粉状）
·························20g
迷迭香···················1 枝
大蒜··················1/2 片（5g）

所需时间
240分钟

01 在较大的锅中放入大量的水（用量外），以大火煮沸后将醋倒入。

02 在步骤01的锅中放入牛肚，改用中火加热并保持在稍稍沸腾的状态下，约煮30分钟。

03 将煮好的牛肚连同煮锅放到水槽中，用自来水冲洗。ⓟ如果还有腥膻味再用水冲泡。

04 将牛肚捞起放在铺有布巾的浅盘上，沥干水气。ⓟ没有擦干的水分，就是造成炸油飞溅的原因。

05 将牛肚切成4cm长、1cm宽的条状。ⓟ切得太大会不方便食用。

06 将切好的牛肚移至盆上，使牛肚可以均匀沾裹地撒上盐和黑胡椒。

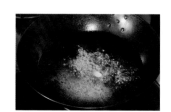

07 用大火加热锅中的黄油和一半用量的蒜香橄榄油。

08 在步骤07的平底锅中将牛肚炒香至变成黄金色。ⓟ注意过度拌炒后牛肚会变干。

09 制作盘饰配料。将柠檬皮切碎放至盆中。

10 将大蒜、迷迭香叶片都切碎后，放至步骤09的盆中。将一部分做成酱汁，ⓟ一部分依个人喜好来使用。

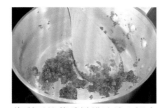

11 将剩下的蒜香橄榄油放入锅中加热，炒成油炒蔬菜酱（参照P21）。使用制好备用的油炒蔬菜酱，如照片所示炒热。

12 在步骤11的锅中加入步骤08中拌炒的牛肚，并倒入白葡萄酒。

13 使白葡萄酒的酒精挥发。

14 在步骤13的锅中加入番茄酱汁和高汤混拌。

15 将盐、胡椒和百里香的枝放入步骤14的锅中。

16 在月桂叶上划出切口后放入锅中。

17 待锅内沸腾后，以汤匙捞去浮渣。盖上锅盖约炖煮3小时。用压力锅炖煮时约30分钟。

18 炖煮后，取出百里香和月桂叶。

19 为了让香气不致流失，在盛盘前再适度地将混合香料放入锅中。

20 混拌后盛盘，再依个人喜好放上混合香料。

Point

如果很介意牛肚的腥膻味

牛肚一定要用大量的热水先烫煮，之后用自来水仔细地清洗牛肚的格状部分，应该就可以消除腥膻味了。如果还是很在意，可以多加些混合香料，清爽的香气可以消除腥膻的气味。

除了醋之外，加入白酒醋、香草或是具有香味的蔬菜一起烫煮也不错。

烫煮过一次后，还是觉得味道很重，可以再烫煮一次。

托斯卡纳大区的料理和特色

可以感受到艺术气息的质朴之地

佛罗伦萨
托斯卡纳大区

主要的特产

1. 猪肉加工品

托斯卡纳风味萨拉米腌肉是盐分很重的意式腊肉。混合了茴香子的茴香腊肠（Finocchliona）也是本大区特产。

2. 豆类

扁豆、鹰嘴豆、白芸豆等可以放入汤品或炖煮料理中，在托斯卡纳大区豆类也是经常食用的食材。

3. 葡萄酒

经过2500年来的葡萄种植，"基安蒂"和"蒙达奇诺·布鲁奈罗"正是最能代表本大区的红葡萄酒。

其他物产

还有橄榄油、紫洋葱和被称为"Cavolo Nero"的甘蓝等。也是牛排等肉类加工品的发源地。

具代表性的料理

炖煮牛肚

活用牛肚的家常料理。消除了腥膻味的牛肚和番茄酱汁炖煮而成。

炖煮白芸豆

经常成为肉类料理的配菜，另外，也常被当成前菜来享用。

托斯卡纳风海鲜汤

由墨鱼和章鱼炖煮成的鱼类料理。虽然各地都有，但以托斯卡纳最为有名。

发挥食材本质的乡土料理

托斯卡纳大区的首府佛罗伦萨，在美第奇家族（Medici）时代成为文艺复兴运动的中心，进而繁荣。该大区位于意大利的中部，得益于地中海式气候，以农业发达而闻名。托斯卡纳大区最著名的特产，就是用本地猪的背油、盐、香草腌渍加工而成的"香草猪背油"。使用扁豆、鹰嘴豆等豆类的料理也相当多，托斯卡纳人更因此被称为"食豆者"。

托斯卡纳大区的料理灵活运用了硬式面包、牛猪的内脏等食材，其美味的秘诀在于发挥了食材本身的特质，由此烹煮成有乡土风味的料理。

托斯卡纳大区和皮埃蒙特大区是意大利葡萄酒的两大产地，并因此而闻名。

第6章
甜点

専栏

节庆时享用的点心

与基督教有着相当渊源的意大利点心

依循意大利各地传统的简朴风味

意大利点心和基督教的密切关系

在砂糖尚未传入欧洲的古希腊、罗马时代，意大利人都是以水果和蜂蜜等制作甜点。意大利人当时以鸡蛋、牛奶、葡萄等材料制成的动物形状的点心，作为神的供品。

到了中世纪，由修道院孕育出这种制作点心的技术。在盛行养蜂的修道院，习惯于用蜂蜜来制作点心，进而技术得到了进一步的发展。据说制作出的点心会当做礼物分配给来礼拜的信徒。

意大利的甜点时至今日也仍和基督教有相当密切的关联。基督教节庆时，在街头仍然可以看到很多与之相关的传统点心。特别是在每年的圣诞节，往往会在午餐时食用意大利圣诞面包。

与基督教节日相关的点心

意大利圣诞面包
（Panettone）

意大利黄金面包
（Pandoro）

复活节鸽子蛋糕
（Colomba）

意大利将圣诞节称之为"Natale"。
←圣诞景色。

↓圣诞时节的梵蒂冈。

照片提供：意大利政府旅游局（ENIT）。

Tiramisu

提拉米苏

最受欢迎的滑顺爽口的冰甜点。

提拉米苏

材料（2人份）

马斯卡普尼奶酪奶油的材料

蛋黄	1 个（20g）
细砂糖	10g
马沙拉酒	20mL
马斯卡普尼奶酪（Mascarpone）	100g
鲜奶油	40mL
蛋白	1 个（30g）
细砂糖（用于蛋白霜）	10g

海绵蛋糕的材料

蛋黄	2 个（40g）
细砂糖	30g
蛋白	2 个（60g）
细砂糖	30g
低筋面粉	60g
糖粉	适量

咖啡糖浆的材料

浓缩咖啡	50mL
马沙拉酒	50mL
咖啡利口酒	15mL

盘饰搭配的鲜奶油的材料

鲜奶油	100mL
浓缩咖啡的粉末	1 大匙
可可粉	适量

Point

奶油不要过度搅拌。

所需时间
90分钟

01 制作海绵蛋糕面团。在盆中放入蛋黄和细砂糖，用打蛋器混拌。ⓟ打至颜色发白为止。

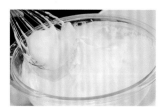

02 在另一个盆中放入蛋白后搅拌。搅拌至稍稍打发后，分2~3次加入细砂糖，继续搅拌至完全打发。

03 用打蛋器掬起一点步骤02的蛋白霜，加入步骤01的盆中后大动作混拌。

04 搅拌至相互融合均匀后，加入其他的蛋白霜，用刮勺大动作地切拌。ⓟ过度搅拌会打破蛋白霜的气泡使其消泡。

05 低筋面粉过筛，撒放至步骤04的盆中，用刮勺大动作地混拌。

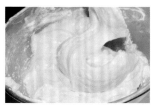

06 拌至面粉还稍稍残留的状态。ⓐ注意如果过度混拌，气泡会消失而使面团消陷下去。

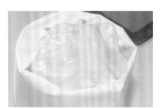

07 将步骤06的面团放入装有直径1cm挤花嘴的挤花袋中。ⓟ可以将挤花嘴朝下架在杯子里，再将挤花袋口摊开。

08 待面团全部放入后，用刮板将材料推向挤花嘴，以方便绞挤。

09 在烤盘上铺妥烤盘纸，以适当间隔地将挤花袋中的面团挤出约8cm的棒状。约可挤成棒状13根和直径5cm的圆形8片。

10 待绞挤完毕后，在全部上方撒上糖粉。放预热到190℃的烤箱中烘烤约10分钟。烤好放凉备用。

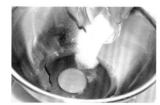

11 制作马斯卡普尼奶酪奶油。在盆中放入蛋黄和细砂糖以及马沙拉酒混拌。

12 将步骤11的盆放置在装有80℃热水的盆上搅拌。蛋黄不能加热至70℃以上。

13 待蛋黄完全熟透，并产生黏性时，就可以从热水盆上拿起，放凉。要不时地用刮勺刮下盆内侧的材料。

14 放置在装满冰水的盆上，用搅拌器搅拌。冷却后会变得沉甸甸的，有沉重感。

15 在其他的盆中放入马斯卡普尼奶酪，用打蛋器搅拌至柔软。在其他的盆中将鲜奶油打发至7分起泡。

16 将步骤14倒入马斯卡普尼奶酪的盆中，用刮勺充分搅拌后，再加入步骤15打发的鲜奶油，大动作地混合。

17 取另一个盆，放入蛋白打发，搅拌中途加入细砂糖，制成蛋白霜。再将蛋白霜加入步骤16的盆中，大动作混拌。

18 制作盘饰搭配的鲜奶油。将盆中的鲜奶油搅拌至8分起泡，再倒入浓缩咖啡粉混拌。

19 将步骤18的鲜奶油放入挤花袋。

20 制作咖啡糖浆。在盆中放入浓缩咖啡、马沙拉酒、咖啡利口酒混合。

21 用刷子在8片圆形的海绵蛋糕中的4块蛋糕上，刷上咖啡糖浆使糖浆渗入蛋糕中。

22 将材料盛放至容器中。将步骤21的海绵蛋糕放入玻璃杯的底部，再铺上马斯卡普尼奶酪奶油。

23 接着再摆放上步骤21的海绵蛋糕，与步骤22同样方法再放上马斯卡普尼奶酪奶油。

24 将剩下的海绵蛋糕摆放后，用挤花袋在蛋糕上以螺旋状方式绞挤出鲜奶油。

25 摆放上棒状海绵蛋糕，再撒上可可粉。Ⓟ这个食谱配方中海绵蛋糕会多出来，所以也可以直接食用。

黑色的液体甜点——意式浓缩咖啡

因意大利人的不懈坚持而光芒四射的意式浓缩咖啡

意式浓缩咖啡粉

意式浓缩咖啡

深度烘焙的咖啡豆最适合研磨成细细的粉状。如果用于一般咖啡时需要较轻淡的味道。

咖啡

滴漏式咖啡用的是轻焙粗粒咖啡粉。用于意式浓缩咖啡时需要较浓重的味道。

在家中享用意式浓缩咖啡

直接以火加热的摩卡壶（Moka）非常简便

在下方的小钵中加入水，浓缩咖啡粉加进中间的漏斗中，加热至听到沸腾声时熄火。上方的小钵中就是萃取完成的意式浓缩咖啡了。

清洗时只要用水或温水即可。绝对不可用洗洁精。

意式浓缩咖啡的种类

意式浓缩咖啡
Espresso

以意式浓缩咖啡机萃取出1杯（25~30mL）意式浓缩咖啡。

| 意式浓缩咖啡 |
| 25~30mL |

卡布奇诺
Cappuccino

在25~30mL的意式浓缩咖啡中加入70~90mL蒸气打发的牛奶和40~60mL蒸气奶泡制成的饮品。

| 蒸气奶泡 |
| 40~60mL |
| 蒸气打发的牛奶 |
| 70~90mL |
| 意式浓缩咖啡 |
| 25~30mL |

拿铁咖啡
Caffe Latte

25~30mL的意式浓缩咖啡中，加满120mL蒸气打发的牛奶。欧蕾咖啡是牛奶和咖啡1：1混合的饮品。

| 蒸气打发的牛奶 |
| 加满120mL |
| 意式浓缩咖啡 |
| 25~30mL |

浓醇咖啡香源自意式浓缩咖啡

滴漏式咖啡一般使用滤纸来萃取，但意式浓缩咖啡的萃取则需使用专用机器，以高压、高温的蒸气在短时间内萃取出，所以深度烘焙研磨成细粉状的咖啡粉较为合适。

在25~30mL的意式浓缩咖啡中，加入足以沉淀在底部的砂糖是最基本的方法。利用大量砂糖，使咖啡豆的香味得以在口中散发，余韵悠长。

就像在中国泡茶的方法会依各个家庭而有所不同，意式浓缩咖啡也一样，冲入热水，以牙签在咖啡粉上挖出小洞等，每家都有自己的一套冲泡方法。

对意大利人而言，浓缩咖啡经常可以为用餐划上句号。另外它也可以取代甜点，是日常生活中不可或缺的饮品。

Zuccotto

意式圆顶蛋糕

以祭司的圆帽命名的独特点心。

意式圆顶蛋糕

材料（直径16cm的圆钵1个的分量）

底部面团的材料

鸡蛋·················2个（120g）
细砂糖、低筋面粉······各60g
黄油·························10g

可可亚面团的材料

鸡蛋·················2个（120g）
细砂糖·······················60g
低筋面粉·····················50g
可可粉·······················10g
黄油·························10g

坚果奶油的材料

鲜奶油·····················75mL
细砂糖·······················10g
康图酒（Cointreau）·······10mL
坚果（烘烤后切碎）···30g

巧克力奶油的材料

鲜奶油·····················75mL
细砂糖·······················10g
可可粉·······················10g
牛奶·····················1大匙
半糖甜巧克力（切碎）
·························40g

糖浆的材料

白兰姆酒···················20mL
水·························15mL
细砂糖························5g
杏桃果酱（用于完成时）
·························30g

Point

鲜奶油要仔细搅拌打发。

所需时间
90分钟

01 将底部面团所需的低筋面粉、可可亚面团的低筋面粉和可可粉分别过筛备用。

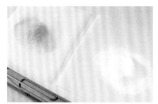

02 切下长35cm、宽45cm的烤盘纸。在纸张的四面各折起5cm，并用钉书机钉妥固定。最后成为25cm×35cm的纸模，做出2个纸模。

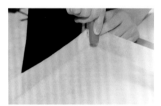

03 制作底部面团。在盆中放入细砂糖、鸡蛋，边隔水加热边用打蛋器打发。

04 当步骤03盆中的材料颜色变白时，停止隔水加热并加入过筛完毕的粉类，大动作地混拌。

05 在步骤04的盆中倒进溶化黄油，不使气泡消失地大动作混拌。

06 将做好的纸模放置在烤盘上，倒入面团。用刮板将面团整体厚度均匀地摊平。放入190℃预热的烤箱中，约烘烤10分钟。

07 制作可可亚的海绵面团。依步骤03~步骤04的要领，将材料放置盆中混拌，加入软化黄油后大动作混拌。

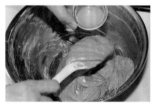

08 依步骤06的要领将面团倒入，以190℃预热的烤箱烘烤约10分钟。烘烤完成，避免干燥用布巾覆盖放凉。

09 制作巧克力奶油。在盆中加入可可粉和温牛奶，用打蛋器搅拌。

10 隔着冰水在盆中倒入细砂糖和鲜奶油后，打发。加入步骤09和切碎的巧克力，用打蛋器混拌。

11　制作坚果奶油。隔着冰水在盆中加入细砂糖和鲜奶油，打发。接着倒入坚果和康图酒充分混拌。

12　在盆（最好用帽形模）内侧紧密地铺上保鲜膜。

13　切下步骤06烤好的底部海绵蛋糕的边缘。以切下的边缘来测量圆钵半径的长度。

14　依照圆钵半径的长度，将海绵蛋糕切成两等份。

15　切成2等份的蛋糕片，再切成底边长4~5cm的等腰三角形。Ⓟ三角形的高度几乎与圆钵半径相同。

16　可可亚海绵蛋糕也依步骤14~步骤15的要领分切成等腰三角形。

17　以圆钵中央的顶点为轴心、三角形的顶点朝下，将两种海绵蛋糕呈放射状且烘烤面朝上交互摆放至圆钵里。

18　混拌所有的糖浆材料。Ⓟ用刷子均匀地将糖浆刷涂至步骤17的全体海绵蛋糕上，并使其渗透。

19　沿着步骤18的海绵蛋糕，将坚果奶油涂抹在蛋糕上，并在最中央留下凹陷的空洞。再将巧克力奶油填满凹陷处。

20　用剩余的蛋糕切成较圆钵平面稍小的圆形盖至圆钵上，用多余的蛋糕塞满周围。

21　在步骤20的蛋糕片上涂满糖浆，并用保鲜膜紧密地包妥。放入冷藏柜中约1小时使其冷却。

22　将杏桃果酱和少许的水（用量外）一起放入锅中，煮至溶化。

23　将冷藏柜中充分冷却的步骤21倒扣在砧板上，用刷子涂上杏桃果酱，完成。

Point

将三角形蛋糕排满圆钵

若三角形的海绵蛋糕体之间产生了空隙，可以将蛋糕切成空隙大小，填满即可。

如果很介意外观，也可以切下两种颜色的蛋糕排成美丽的图案。

意式布丁与杏仁蛋白甜饼

加入了碎杏仁蛋白甜饼口感的巧克力布丁。

所需时间
100分钟

01 制作杏仁蛋白甜饼。在工作台上将蛋白以外的材料过筛。

02 将过筛好的粉料围成一个圈状凹槽。在中央放上蛋白。

03 使用两片刮板，边将外圈的粉类刮入，边将粉类与蛋白混拌。

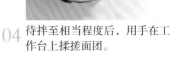

04 待拌至相当程度后，用手在工作台上揉搓面团。

05 待面团整体湿润均匀后，将面团搓揉成约30cm的长棒状。Ⓟ如果很介意面团粘手可以先洗洗手。

材料（直径15cm的模型1个）

意式布丁的材料

杏仁蛋白甜饼（材料如右）
·······························70g
鸡蛋····················2个（100g）
蛋黄····················2个（40g）
杏仁粉···························20g
意大利苦杏酒（或兰姆酒）
·······························15mL

半糖甜巧克力（切碎备用）
·······························40g
牛奶···························220mL

焦糖的材料

细砂糖···························90g
水·····························30mL
鲜奶油（装饰）··················50mL
薄荷叶（装饰）··················适量

杏仁蛋白甜饼的材料

低筋面粉···························16g
细砂糖···························240g
杏仁粉···························120g
蛋白···················1个+2/3个（50g）
杏仁霜···························12g
泡打粉···························1小匙

06　将棒状的面团分切成8g大小。分切下的面团可以用手揉成圆形，由上轻轻按压。

07　将面团并排放置在铺有烤盘纸的烤盘上。用预热到160℃的烤箱烤约20分钟。

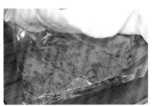

08　烤好的杏仁蛋白甜饼，取其中的70g放入塑胶袋中，用肉槌或锅底等敲成粗碎粒。

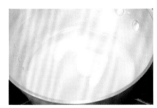

09　制作意式布丁的焦糖。在锅中放入水、砂糖加热。

10　如照片所示煮成焦糖色时熄火，倒入直径15cm的圆形碟模或布丁模当中。

11　将焦糖均匀地倒入后，将模型放在装满冰水的浅盘中冷却。ⓟ如果焦糖没有冷却凝固，会混拌至其他的材料中。

12　制作意式布丁的面糊。在盆中放入蛋、蛋黄、杏仁粉、意大利苦杏酒，用打蛋器混拌。

13　在锅中倒入牛奶以中火加温。待牛奶温热后，倒入切碎的巧克力，离火混拌。

14　将步骤13的巧克力少量逐次地倒入步骤12的盆中，用打蛋器混拌。

15　接着加入步骤08中敲碎的杏仁蛋白甜饼，轻轻拌匀。

16　轻巧地倒入步骤11的模型中。如果有泡沫浮出时，用汤匙舀掉。ⓟ用喷枪可以更快地消除泡沫。

17　将模型放置在铺着烤盘纸的浅盘中，从边缘处倒入热水。以预热至160℃的烤箱隔水加热约35分钟。

18　烘烤完成后，移至装满冰水的浅盘中冷却。待模型中央冰透时即可。

19　将刀尖划入模型周围，盘子盖在模型上，翻面脱模。将装饰用的鲜奶油打发至7分发泡。

20　在模型中加入40mL的水，与残留的焦糖一起用小火煮至溶化。冷却过滤后浇淋在盛盘的意式布丁上，再以鲜奶油和薄荷叶点缀。

Zuppainglese

意式蛋奶盅

名为"英风汤品"，充满糖浆的家庭式蛋糕。

所需时间
90分钟

材料（长26cm×宽16cm×高6cm的容器1个的分量）

面糊的材料

鸡蛋	2个（120g）
细砂糖	60g
低筋面粉	60g
黄油	10g

卡士达奶油馅的材料

蛋黄	2个（40g）
细砂糖	60g
低筋面粉	20mL

牛奶	200mL
香草荚	1/4根

里科塔奶酪奶油馅的材料

里科塔奶酪、鲜奶油	各80g
细砂糖	20g

蛋白霜的材料

蛋白	2个（60g）
细砂糖	20g

糖浆的材料

意大利胭脂利口酒（Alkermes）	30mL
樱桃白兰地	30mL
水	40mL
伯爵茶包	1包

01　准备2张A4尺寸的纸，将边缘向内折1cm。切去四角以钉书机固定，制作2个照片中的模型。

02　制作卡士达奶油馅。在盆中放入蛋黄、细砂糖混拌至蛋黄颜色变白，再放入低筋面粉混拌。

03　将牛奶和香草荚放入锅中加温后，逐次少量地加入步骤02的盆中拌匀。

04　在锅上放置滤网，将步骤03的材料过滤。用刮勺刮除剩下的香草荚种子。

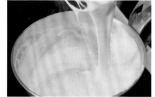

05　边加热步骤04的锅边用打蛋器搅拌。沸腾后继续搅拌1~2分钟，搅拌至粉类完全消失并且材料表面呈现光泽状。

06 将卡士达奶油馅移至盆中，以冰水冷却。在卡士达奶油馅上紧密地包覆上保鲜膜。上面放上装有冰水的盆冰镇。

07 制作面糊。在盆中放入鸡蛋、细砂糖，加热至37℃左右并将材料打发至颜色变白，用刮勺大动作拌入低筋面粉。

08 在步骤07中加入溶化的黄油，再加大动作混拌。ⓟ黄油要以温热状态加入，否则无法融入面糊之中。

09 将步骤08的面糊均匀地倒入步骤01准备好的模型中。用刮板将面糊推匀。各以预热至190℃的烤箱烘烤约9分钟。

10 制作糖浆。加热40mL的水，倒入伯爵茶包制成伯爵红茶。放凉后再混入其他材料。

11 制作里科塔奶酪奶油馅。在盆中加入里科塔奶酪、鲜奶油和细砂糖，隔着冰水搅拌至8分起泡。

12 面糊烘烤完成后，在蛋糕表面覆盖布巾放凉。将蛋糕翻面放置在砧板上，撕去纸模。

13 将蛋糕切成耐热容器底部的大小。烘烤面朝下放置在容器的底部。

14 用刷子将步骤10的糖浆大量地刷在蛋糕上。ⓟ大量的糖浆渗入蛋糕的风味，正是这款蛋糕的精华。

15 将步骤06做好的卡士达奶油馅用刮勺搅拌成柔软状态。将一半的卡士达奶油馅涂抹在步骤14的蛋糕上。

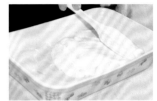

16 将里科塔奶酪奶油馅涂抹在步骤15的卡士达奶油馅上。

17 将另一块蛋糕的烘烤面朝下，叠放在奶油馅上。涂上糖浆。

18 再将卡士达奶油馅涂抹在蛋糕片上。放入冷藏库约冷藏20分钟。

19 将蛋白霜的材料打发。打发后加入细砂糖再打至完全发泡，涂抹在冷却的材料上。

20 用刮勺在表面制作出波浪般的形状。以烤箱最高温度烘烤约5分钟。在表面烤出焦色即可。

西西里香炸奶酪卷

受阿拉伯文化影响而在西西里发展出的炸点心。

所需时间 80分钟

01 制作面团。将低筋面粉、白葡萄酒、细砂糖、鸡蛋和盐放入盆中。

02 用叉子混拌步骤01的材料。

03 拌至相当程度后，用刮板将材料干净地刮至工作台上。

04 用手掌边压边揉搓。ⓟ如果搓了很久仍然粘黏时，可以再加入少许的低筋面粉（用量外）。

05 揉至面团的表面呈光滑状态，用保鲜膜包妥，于常温中静置约30分钟。

材料（6个）

面团的材料

低筋面粉	140g
细砂糖	45g
白葡萄酒	30g
蛋液	1/2 个（30g）
盐	1 小撮

可可奶酪馅的材料

里科塔奶酪	200g
细砂糖	25g
可可粉	1 大匙
巧克力碎片（切成粗粒）	
	15g
意式浓缩咖啡粉	适量

柳橙奶酪馅的材料

里科塔奶酪	200g
细砂糖	25g
肉桂（粉末）	1/2 小匙
糖渍柳橙皮（5mm 块状）	
	15g
迷迭香（切碎）	1 根
糖粉	适量

06 制作可可奶酪馅。将里科塔奶酪、细砂糖和可可粉放入盆中混拌。

07 在充分搅拌过步骤06的材料中加入切成粗粒的巧克力混拌，接着放入冷藏柜冰镇。

08 制作柳橙奶酪馅。将里科塔奶酪和细砂糖放入盆中混拌。

09 在步骤08的盆中加入糖渍柳橙皮、肉桂粉和迷迭香，并充分混拌后放入冷藏柜冰镇。

10 在工作台上撒上面粉（用量外），取出静置的面团，用擀面棒擀压。Ⓟ面粉用的是高筋面粉。

11 边转动面团的方向边将面团擀压成均匀的厚度。最后擀压成长18cm、横27cm以上的形状。

12 将擀压边切成四角形。

13 将面皮分切成6片9cm的正方形。

14 切好的面皮用专用筒棒（参照P60）或直径2.5cm的棒子，如照片所示卷起。

15 手指蘸水抹在卷好的面皮上，使面皮可相互粘黏而不会散开。

16 连同卷起的筒棒一起放入180℃的炸油（用量外）中，炸至呈金黄色。Ⓟ没有筒棒模型时，也可以卷起铝箔纸来使用。

17 炸好之后放在滤网上沥干油脂，将面皮脱离筒棒放凉。

18 将放入挤花袋的奶酪馅挤至面皮中。柳橙奶油馅上撒上糖粉，可可奶酪馅则撒上咖啡粉。

Mistake!

卷在筒棒上的面皮焦掉了！

面皮在炸锅中如果没有边转动边油炸，受热不均匀，底部就会烧焦，所以请多加留意，温度过高也会失败的。

只有部分焦掉时，表示面皮在油锅中没有边转动边油炸的缘故。

Semifreddo
冷霜雪糕

如鲜奶油般松软的冰点。

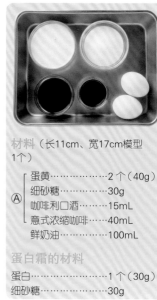

材料（长11cm、宽17cm模型1个）

Ⓐ
蛋黄······················2个（40g）
细砂糖·····················30g
咖啡利口酒·················15mL
意式浓缩咖啡···············40mL
鲜奶油····················100mL

蛋白霜的材料

蛋白·····················1个（30g）
细砂糖·····················30g

所需时间
120分钟

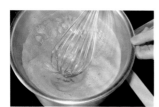

01　在盆中放入材料Ⓐ，架放在装有热水的锅上，隔着80℃的热水打发。

02　蛋黄加热变得浓稠后，将盆拿起并改用隔冰水搅拌至冷却。

03　打发鲜奶油，加入1勺步骤02的材料混拌至完全融入后，再加入全部用刮勺大动作混拌。

04　制作蛋白霜。蛋白稍稍打发，将细砂糖分2次加入，继续搅拌至完全打发，再混拌至步骤03的盆中。

05　用水沾湿模型的内侧，将材料倒入模型中，放入冷冻柜冷却使其凝固。

06　因为非常容易溶化，因此在食用前再脱模，分切成易入口的大小。

Biscotti 2

2种意式咖啡饼

轻脆爽口让人一吃成瘾的意式脆饼。

材料（2人份）

可可亚面团的材料

A	鸡蛋	1/2 个（30g）
	蛋黄	1 个（20g）
	细砂糖	100g
	盐	少许
B	低筋面粉	130g
	可可粉	10g
	泡打粉	1/2 小匙
杏仁果		80g

加入全麦面粉的面团材料

C	蛋液	50g
	细砂糖	100g
	盐	少许
D	全麦面粉	100g
	玉米胚芽	40g
	泡打粉	1 小匙
干无花果		50g
核桃、榛果		各 25g

所需时间 60分钟

01 制作可可亚面团。在盆中放入材料Ⓐ混拌，再将材料Ⓑ过筛放入Ⓐ中混拌。

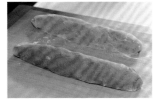

02 将步骤01混拌后放至工作台上，加入杏仁果揉进面团中。适当地将面团分切成宽3cm的棒状。

03 制作全麦面粉的面团。在盆中放入Ⓒ混拌，再将Ⓓ放入混拌至面团揉合为一。

04 取出面团放至工作台上，加入坚果类及切成1cm块状的无花果揉搓，适当地将面团分切成宽3cm的棒状。

05 将步骤02和步骤04的面团排放在铺有烤盘纸的烤盘上，以预热至170℃的烤箱烘烤约25分钟。

06 切成1cm宽，将切口朝上，排放在烤盘上，再次以170℃预热的烤箱烘烤约20分钟。

Pannacotta

意式鲜奶酪

Panna是"鲜奶油"，而Cotta是"煮"的意思。

材料（直径7cm、高5cm的模型3个）

⑧	鲜奶油	350mL
	香草荚	1/6 根
	细砂糖	60g

板状明胶（泡水还原备用）
.................................3g
康图酒.........................15mL
巴萨米克醋....................80mL
（熬煮至约 25mL）

糖浆的材料

ⓐ	水	100mL
	细砂糖	50g
	柠檬香甜酒	30mL
	白葡萄酒	50mL

草莓（小）..................10 颗
柳橙....................1/2 个（100g）
猕猴桃..........................1 个
蓝莓..........................10 粒
薄荷叶（装饰）............适量

所需时间
90分钟

01 制作糖浆。在锅中放入Ⓐ，煮至沸腾使砂糖溶化后冷却备用。

03 用过滤器过滤。接着边用冰水冷却边加入康图酒混拌。

05 将草莓、柳橙、猕猴桃切成方便食用的大小，连同蓝莓与步骤01一起拌匀。

02 制作意式鲜奶酪。在锅中将Ⓑ加热，熬煮成为300mL，板状明胶用手撕开后加入锅中。

04 将步骤03倒入直径7cm、高5cm的布丁模型中。隔冰水放入冷藏柜使其凝固。

06 将步骤04脱模盛盘，将加了水果的糖浆浇淋在周围。淋上巴萨米克醋，再以薄荷叶点缀。

搭配碎粒杏仁饼的阿芙佳朵

Affogato

没入意式浓缩咖啡中的浓醇冰淇淋。

材料（2人份）

蛋黄	3个（60g）
细砂糖	45g
牛奶	25mL
鲜奶油	75mL

碎粒杏仁饼的材料

Ⓐ
水	30mL
柠檬汁	少许
细砂糖	80g
碎杏仁果粒	45g
意式浓缩咖啡	适量

所需时间
150分钟

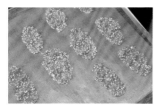

01 将Ⓐ放入锅中，加热至呈焦糖色。用手迅速地将其推开并调整成椭圆形。

02 在盆中加入蛋黄和细砂糖，用打蛋器搅拌，⑱在锅中加入牛乳和鲜奶油温热。

03 把步骤02温热的牛奶类倒入盆中均匀混拌。将材料倒回锅中，用刮勺混拌加温至83℃。

04 待步骤03加热至浓稠，离火，用滤网过滤，再隔着冰水使其冷却。

05 将步骤04一半的材料倒入制冰盒中，放至冷冻柜凝固。凝固后再将步骤04剩余的材料一起放入搅拌机中搅拌。

06 将步骤05的材料放入冷冻柜使其凝固。用较大的汤匙舀出盛放，再浇淋上刚泡好的意式浓缩咖啡，摆放上碎粒杏仁饼，尽早食用。

图书在版编目（ＣＩＰ）数据

意大利餐制作大全 /(日) 川上文代著；书锦缘译
著. -- 修订本. -- 北京：中国民族摄影艺术出版社，
2015.9
　　ISBN 978-7-5122-0752-3

　　Ⅰ.①意… Ⅱ.①川… ②书… Ⅲ.①西式菜肴－食
谱－意大利 Ⅳ.①TS972.185.46

　　中国版本图书馆CIP数据核字(2015)第223871号

TITLE:［イチバン親切なイタリア料理の教科書］
BY:［川上文代］
Copyright © FUMIYO KAWAKAMI 2007
Original Japanese language edition published by Shinsei Publishing Co.,Ltd.
All rights reserved. No part of this book may be reproduced in any form without the written permission
of the publisher.
Chinese translation rights arranged with Shinsei Publishing Co.,Ltd.
Tokyo through Nippon Shuppan Hanbai Inc.

本书由日本株式会社新星出版社授权北京书中缘图书有限公司出品并由中国民族摄影艺术出
版社在中国范围内独家出版本书中文简体字版本。
著作权合同登记号：01-2015-6298

策划制作：北京书锦缘咨询有限公司（www.booklink.com.cn）
总 策 划：陈 庆
策　 划：陈 辉
设计制作：柯秀翠

书　 名：意大利餐制作大全（修订本）
作　 者：［日］川上文代
译　 者：书锦缘
责　 编：吴 叹 张 宇
出　 版：中国民族摄影艺术出版社
地　 址：北京东城区和平里北街14号（100013）
发　 行：010-64211754 84250639 64906396
印　 刷：北京美图印务有限公司
开　 本：1/16　170mm×240mm
印　 张：14
字　 数：135千字
版　 次：2016年6月第1版第1次印刷
ＩＳＢＮ　978-7-5122-0752-3
定　 价：48.00元